〔德〕卡尔·芬克◎著　　钟毛　李园莉◎译

数学简史

中国华侨出版社
·北京·

图书在版编目（CIP）数据

　数学简史／（德）卡尔·芬克著；钟毛，李园莉译.
—北京：中国华侨出版社，2019.10（2024.6 重印）
　ISBN 978-7-5113-7970-2

　Ⅰ.①数… Ⅱ.①卡… ②钟… ③李… Ⅲ.①数学史—
普及读物 Ⅳ.①O11-49

　中国版本图书馆 CIP 数据核字（2019）第 189140 号

数学简史

著　　者：〔德〕卡尔·芬克
译　　者：钟　毛　李园莉
责任编辑：姜薇薇　桑梦娟
策　　划：周耿茜
责任校对：刘　坤
封面设计：胡椒设计
经　　销：新华书店
开　　本：710 毫米×1000 毫米　1/16 开　印张：14　字数：143 千字
印　　刷：三河市华润印刷有限公司
版　　次：2019 年 10 月第 1 版
印　　次：2024 年 6 月第 7 次印刷
书　　号：ISBN 978-7-5113-7970-2
定　　价：45.00 元

中国华侨出版社　北京市朝阳区西坝河东里 77 号楼底商 5 号　邮编：100028
发行部：(010) 64443051　　传　真：(010) 64439708
网　址：www.oveaschin.com　E-mail：oveaschin@sina.com

如发现印装质量问题，影响阅读，请与印刷厂联系调换。

译者序

数学史的研究经历了漫长的过程，本书源自德国卡尔·芬克（K. Fink.）的著作。作者并未按照以往这类作品所采用的方式，加入过多没有研究价值的故事，而是按照顺序尽可能地介绍了数学学科不同分支的历史，其中包含数字系统和数字符号、算术、代数、几何学、三角学等。随后，这本书又经过 D. E. 史密斯（D. E. Smith, Brockport）的翻译，出版了大家熟知和广为流传的英文版本。

如今，汉语越来越普及，受众群体也越来越多，对于迫切想要了解数学发展史、某一数学分支，或没有专业英文阅读能力的人士来说，翻译这本书就显得尤为必要，而译者也乐于做这样的工作。

译者认为，数学与科学、人文的各个分支一样，都是人类大脑进化和智力发展进程的反映。本书主要探讨了在不同的特定时期初等数学的主要发展进程，以及重要人士所做的具体贡献。例如，古巴比伦时期采用"六十进制计数法"、丢番图引入次幂及其表达式、毕达哥拉斯时期引入无理数、普罗克洛斯首次画出直角等。

数学本身是一门专业性强的学科，对于这本书的翻译，译者严格忠于作者原文，表达作者想要传达的数学思想，并尽可能做到语言流畅、语句优美，以达到一种"雅"的境界。对于本书中可能存在的个别问题，译者本着谦虚谨慎的态度，非常乐于接受大众读者的监督与指正。

在此，译者向承接本书的出版社表示感谢。同时，译者对所有参与这本书的翻译人员表示感谢，尤其是对给予专业指导的吴教授表示感谢。

序言

　　对每一个想要更了解科学的人来说，科学历史是非常有价值的。对于未来想要对科学的发展有贡献的人，或者想要使这门科学的方法得到充分应用的人来说，他们迫切需要了解这一门科学知识。对于想要教授科学知识，或者想要更深入地研究这门科学的学生来说，了解这一门科学的兴起和发展是非常必要的。

　　本书讲述初等数学的历史，其目的是使数学专业的学生可以了解初等数学的历史发展，使教授数学专业的教师只需花少许的时间，就能够把这些知识与自己长期以来熟悉的知识联系起来，并适当地运用在教学中。初等数学历史对初等数学的教学所产生的积极影响是毋庸置疑的。的确，很多初等数学的教科书（大多是巴特兹和舒伯特的作品）中的确有不少与学科历史有关的内容，其大多是以注释形式呈现的。然而，比起这些零散的参考注释，具有连贯性的初等数学历史自然是更好的，其用途并非用于学者研究，或其他关于数学历史的重大研究，而是在维持基本科学知识的前提下，去了解数学历史中一些重要原理研究的入门之作。

本书讲述数学学科中不同分支的历史，按顺序讲述了数字系统和数字符号、算术、代数、几何学以及三角学的历史，并尽可能在每一个分支有限的篇幅里涵盖所有的内容。这样的呈现方式可能会遭到一些人的反对。有人可能会认为，对于某一时期的文化历史的大体调查研究并不够全面。另外，在初等数学的历史中，某一分支的内容如果只局限在这样有限的篇幅里，那么与其有关联的过去和未来的其他知识就无法得到详尽的描述与展现。

本书的目的并不是想罗列出力学和天文学有趣的历史发展。不可否认，本书无法非常详细地讲述和解释各分支的发展历史，初等数学与这些分支相关联的内容并不是很多。本书想要简明扼要地阐述最重要的内容。

本书作者在蒂宾根参加了数学俱乐部的半月会议，得到了关于创作本书的提议。此会议是由博睿（A. Brill）教授创办并组织的，因此，在这里需要特别感谢博睿教授，同时也要向俱乐部主席致以特别的谢意，他的诠释对本书的部分内容起到了决定性的作用。俱乐部的会议为作者提供了机会，他将会议中的讲座和讨论，与数学学科的多种分支相结合，并参考了最新的历史文献，还了解了一些更高级的分支学科的历史。通过研究科学发展的最新历史，作者完成了他的研究。就本书的主要目的或本书的书名而言，这些调查研究或许已远远超出所需的内容。由于这些摘要内容不充分，初次尝试可能会受到一些善意的批评，不过数学学科的分支确实是在不断增加；所以，作者的这种想要尽可能呈现多种分支的尝试也并非不妥，毕竟要在初等数学和高等数学之间明确地划分界线似乎是不可能的。一方面，初等数学中的某些问题，有时为高等数学领域的发展提供了机会；另一方面，新的分支学科也为初等数学领域带来了新的发展。因此，令人高兴的是，对于学生和教师来说，本书可以帮助他们发现数学学科最基本的内容。

作者在创作时参考的大量文献，尤其是德语文献，都以脚注形式出现在书中。作者引用了许多来自杰作《数学年鉴》第二卷中的内容，这本书中系统地阐述和讨论了许多当代数学的发展。

卡尔·芬克

蒂宾根，1890 年 6 月

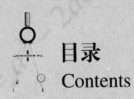

目录
Contents

总论

　　数学真理发展的起源可以追溯到最早的文明时期，即埃及和巴比伦时期，这一时期的文学都流传了下来。数学真理一方面是由实际生活的需求发展而来的，另一方面是由于不同人群，特别是由于祭司阶层真正的科学精神，算术和几何概念应运而生。然而，这种知识很少通过文字传播，也因此，流传给我们的巴比伦文明并不多。不过，我们至少可以从古埃及人那里获得一本手册，即阿默士①（Ahmes）的手册，它极有可能出现在公元前 2000 年左右。

　　数学知识的真正发展源于希腊，显然受到埃及和巴比伦的影响。这种发展主要表现在几何学领域，并且在欧几里得、阿基米德、埃拉

---

　　① 阿默士，古埃及僧侣、数学家，著有《知暗黑物》，这是世界上最古老的算学书之一，其中记录了埃及大金字塔时代的一些数学问题。

托色尼①（Eratosthenes）和阿波罗尼奥斯②（Apollonius）时代进入了它的第一个高峰时期，但这个时期为时不长。随后它更倾向于算术方面的发展，但不久就被暴风雨时期的巨浪完全吞没了。只有在经过漫长的世纪之后，在一片异乡的土地上，一颗从希腊的作品中逃脱了大毁灭的、新的、充满希望的种子才开始生根发芽。

很自然地，我们会发现罗马人急切地想要继承被征服的希腊人的丰富的知识遗产，而他们那些乐意向希腊老师求助的儿子们则表现出对希腊数学的极大热情。然而，关于这一点，我们几乎没有任何证据。罗马人非常了解希腊几何学和测量学这两门学科对政治家的实用价值——这一点在后来的希腊学派中也有所体现。但是，在罗马历史上找不到数学真正进步的证据。事实上，罗马人经常错误地理解希腊人的学习方式，以致他们经常以一种完全扭曲的方式把它传递给后代。

对于数学的进一步发展而言，更重要的是希腊教义与印度教徒和阿拉伯人的研究之间的关系。印度人以擅长计算数字而著称，他们的特别之处是他们易受西方科学、巴比伦人，尤其是希腊人的影响，因此他们将从外界获得的信息整合到自己的系统中，然后得出独立的结果。

然而，阿拉伯人通常不会表现出同样独立的理解和判断。他们的

---

① 埃拉托色尼，公元前3世纪的希腊天文学家、地理学家、数学家。
② 阿波罗尼奥斯，约生活于公元前262—公元前190年，是欧几里得之后最重要的希腊几何学家，代表作有《圆锥曲线》。

主要优点在于，会孜孜不倦地把印度人、波斯人和希腊人的文学瑰宝翻译成自己的语言。9—13 世纪，西欧宫廷举办了很多精彩的科学活动，仅仅因为这一点，我们就可以判断，在经历了漫长而又黑暗的一段时期之后，西欧在相对较短的时间内向数学科学敞开了大门。

中世纪早期修道院里的学问自然不适合用来认真地研究数学问题，也不适合作为寻找这类知识的可靠来源。意大利商人在与西非与西班牙南部的商业往来中，率先发现了算术中常用的计算方法。不久，他们中间就产生了一种真正的探索精神，而这门新生科学的第一个伟大胜利就是塔尔塔利亚①解出了三次方程的解。然而，应该指出的是，后来，修道院狂热地将西方阿拉伯学说翻译成拉丁文。

在 15 世纪，由于普尔巴赫②（Peurbach）和雷格蒙塔努斯（Regiomontanus）等人的努力，德国人第一次在数学发展的激烈竞争中占据了一席之地。从那个时代到 17 世纪中叶，德国数学家主要是计算员，也就是清算学校（Rechenschulen）的教师，另一些人则是代数学家。一个值得强调的事实是，有些知识分子正努力达到更高的水平，其中表现最突出的是开普勒，与他一起努力的还有施蒂费尔（Stifel）、鲁道夫（Rudolff）和比尔吉（Bürgi）。可以肯定的是，当时在德国，由于受到意大利学派的极大影响，基础算术和普通代数都获得了发展，这对数学学科随后的发展产生了积极影响。

数学史上的现代时期大约始于 17 世纪中叶。笛卡儿提出了解析

---

① 尼科洛·塔尔塔利亚，意大利数学家、工程师，他解出了三次方程的解。
② 普尔巴赫，奥地利天文学家、数学家。

几何的基础理论。莱布尼茨和牛顿是微分学的发现者。几何学是一门在希腊被驱逐后很少被人欣赏，甚至在那时也不完全被人欣赏的科学，现在已经到了与分析学一起进入繁荣发展的时期，并充分利用后一门姊妹科学取得成果的时候了。因此，在某些时期，几何学能够通过其辉煌的发现，至少暂时超越了分析学的发展。

高斯①（Gauss）的研究将近代数学史分为两部分：在高斯之前，微分学、积分学和解析几何方法的建立，以及为以后的发展所做的有限的准备；随着高斯和他的后继者的研究，现代数学取得了伟大的发展，其在特殊领域的成就是以前做梦也想不到的。19世纪的数学家们致力于数论、现代代数、函数理论和射影几何的研究，并顺应人类对知识的渴望，努力把它们的光带到迄今还在黑暗之中的偏远领域。

---

① 高斯，德国著名数学家、天文学家、物理学家、大地测量学家，被誉为"数学王子"。

第一章　数字系统和数字符号

人类思想受到外部环境的影响极大，这种影响在用数字和数字符号表达的语言和文字的形成中得到了合理的体现。诚然，在文明程度较低的民族中，甚至在较低等的动物中，都存在某种计数方法。"就连鸭子也会计算自己幼崽的数量。"但是，在物体的性质和状态对数字本身的形成没有影响的地方，人类的计数首先开始了。

最古老的计数甚至起源于一种计算过程，对被计数的物体或其他容易使用的物体，例如，用鹅卵石、贝壳、手指进行邻接运算，在特殊情况下甚至可能是乘法运算。因此出现了数字名称，其中最常见的无疑属于语言的原始领域。随着语言的发展，它们的总量逐渐扩大，单一术语的合法组合允许并有利于创造新的数字，数字系统油然而生。

10 作为计数系统的基础几乎无处不在，这一事实可以用初等计算中常用的手指计算解释。在所有的古代文明中，人们都知道用手指计算，甚至在今天，它在许多野蛮人群中的发展取得了令人瞩目的成就。某些南非族群使用 3 个手指来计算超过 100 的数字，第一个手指数单位，第二个手指数 10，第三个手指数 100。他们总是从左手的小指开始数到右手的小指。先连续计数，然后每次达到 10 或 100 就会再举起一个手指。

有些语言包含的数字基本上属于 5 或 20 的范围，但这些系统尚未完善，只有在某些地方，它们才会突破十进制的范围。在其他情况下，为了满足特殊需要，12 和 60 会作为基数出现。新西兰人有 11 个数值范围，他们的语言包含 11 的前几次方的单词，因此 12 代表 11 和 1，13 代表 11 和 2，22 代表两个 11，以此类推。

在数字系统的语言形成中，加法和乘法作为数字组合的最终运算而显得尤为突出，减法很少使用，除法就更少了。例如，在拉丁语中，18 称为 10 + 8（*decem et octo*）；在希腊语中，18 称为 8 + 10（όκτω-καί-δεκα）；在法语中称为 108（dix-huit）；在德语中称为 810（acht-zehn）；在拉丁语中称为 20 − 2（duo-de-viginti）；在下布列塔尼语中称为 3 × 6（tri-omc'h）；在威尔士语中称为 2 × 9（dew-naw）；在阿芝特克语中称为 15 + 3（caxtulli-om-ey）。在巴斯克语中，50 称为半百，在丹麦语中，50 称为 2.5 × 20。尽管形式多种多样，但数字的书写形式，在不限于基本原理的情况下，仍表现出一种普遍的规律，即在书写的方向上，高阶优先于低阶。因此，在一个四位数的数字中，腓尼基人是在右边写千的，中国人是在上面写千的，腓尼基人是从右向左写的，中国人是从上往下写的。这个定律的一个显著例外是罗马人四、九、四十等的减法原理，其中较小的数写在较大的数之前。

埃及人的僧侣文字从右到左的符号，在象形文字中有不同的方向。在象形文字中，数字要么用文字写出来，要么用每个单位的符号来表示，必要时可以经常重复。在吉萨金字塔附近的一座墓葬中发现了象形文字数字，其中 1 用一条竖线表示，10 用一种马蹄形表示，100 用短螺旋线表示，1 万用一根伸出的手指表示，10 万用一只青蛙表示，100 万用一个带有惊讶表情的人表示。在象形符号中，根据前面提到的顺序，高阶单位的数字位于低阶单位的右边。对于任何特定顺序的单位都不会出现重复的符号，因为对于所有的 9 个单位、所有的十位、所有的百位和所有的千位，都有特殊的字符。下图是几个僧侣体符号的代表例子：

1	2	3	4	5	10	20	30	40

巴比伦楔形文字铭文是从左到右书写的，这在闪米特语言中是非常罕见的。根据顺序，高阶单位位于低阶单位的左边。书写中使用的符号主要是水平楔形➤、垂直楔形▼，两者的组合形成一个角度◀。这些符号彼此相邻，或者为了便于阅读和节省空间而彼此叠加。1,4,10,100,14,400 的符号表示如下：

1	4	10	100	14	400

超过 100 的数字，除了简单的并列，还有一项乘法原则；表示百的数字的符号被放在符号左边，就像上图表示 400 的例子一样。巴比伦人可能没有零的符号。六十进制（以 60 为基数）将在后面的章节探讨，它在巴比伦学者（天文学家和数学家）的著作中扮演着非常重要的角色。

腓尼基人的 22 个字母来自埃及人的僧侣体符号，他们用文字把数字写出来，或者用特殊的数字符号表示：垂直符号表示个位数，水平符号表示十位数，后来叙利亚人用他们字母表中的 22 个字母来表示数字 $1,2,\cdots9,10,20,\cdots90,100,\cdots,400$；500 是 $400+100$，等等。千位用右边带逗号的个位符号表示。希伯来语符号的表示法也是这样的。

最古老的希腊数字（除了书写的文字）通常用基本数字的首字母表示。Ⅰ代表 1，Ⅱ代表 5（$\pi\acute{\varepsilon}\nu\tau\varepsilon$），△代表 10（$\delta\acute{\varepsilon}\kappa\alpha$），如有必要，§ 和这些符号会经常重复使用。这些数字是由拜占庭语法学家希罗多德（公元 200 年）描写的，因此被称为希罗多德数字。公元前 500 年之后不久，出现了两个新的数字系统，一个以其自然顺序使用爱奥尼亚字母表的 24 个字母表示从 1 到 24 的数字，另一个表面上是随意排列这些字母，但实际上是有固定顺序的。由此得到 $\alpha=1$，$\beta=2$，$\cdots$，$\iota=10$，$k=20$，$\cdots$，$\rho=100$，$\sigma=200$，等等，这里也没有表示 0 的特殊符号。

罗马数字可能是从伊特鲁里亚人那里继承而来的。值得注意的是它没有 0，它的减法原则是通过将符号的值置于较低阶符号之前来实现的（$IV=4$，$IX=9$，$XL=40$，$XC=90$），即使在语言本身无法表示这种减法的情况下，符号的值也会减少，最后，在数字上画一条"横线"来表示乘法结果 $\overline{xxx}=30000$，$\bar{c}=100000$。某些分数还有特殊的符号和名称。根据蒙森（Mommsen）的理论，罗马数字符号 I、V、X 分别代表手指、手和双手。赞格迈斯特（Zangemeister）的观点是，"+"和交叉有关，交叉指的是一个垂直的或倾斜的交叉，他认为在十进制系统中，每条画在数字符号上的直线或曲线都表示将该数字乘以 10。事实上，为了证明他的主张，在纪念碑上分别刻有数字 1、10、1000 和 5、500。

在初等算术中，特别感兴趣的是印度教徒的数字系统，因为毫无疑问，正是这些雅利安人使我们拥有了现在正在使用的宝贵的定位系统。他们从 1 到 9 最古老的符号只是简化的数字，而用字母表示数字的使用据说从公元 2 世纪就开始盛行了。零的起源较晚，它的引入直到公元 400 年以后才被确定。数字的书写主要是根据定位系统以各种方式进行的。阿雅巴塔（Aryabhatta）的记录是，用梵语字母表的 25 个辅音表示 1 到 25 的数字，用半元音和舌齿音表示后面的数字（$30,40,\cdots,100$）。一系列元音和双元音表示由 10 的幂组成的乘数，$ga=3$，$gi=300$，$gu=30000$，$gau=3\times10^{16}$。虽然它出现在印度南部算术家使用的另外两种书写数字的方法中，但没有应用定位系统。

这两种规则的不同之处在于，同样的数字可以用不同的方式组合。计算规则以易于记忆和回忆的简单诗句的形式表示。对印度数学家来说，这一点尤其重要，因为他们要尽量避免书面计算。一种表示方法是用字母以 9 个符号为一组重复表示 1 到 9 的数字，用元音表示 0。按照这种方法，在英语字母表中，我们用辅音 b，c，…，z 表示从 1 到 9 的数字，经过两次计数后，得到 $s = 2$，用元音或元音组合表示 0，因此，数字 60502 可以用警笛（siren）或苍鹭（heron）表示，也可以用文本中的其他单词来表示。第二种方法是根据位置法则组合类词。因此，abdhi（四海之一）= 4，surya（太阳有 12 座房子）= 12，acvin（太阳的两个儿子）= 2，将 abdhisuryacvinas 组合在一起就是 2124。

梵语数字语言的特别之处在于，它有可以表示大量数字相乘所得结果的特殊单词。*Arbuda* 表示 1 亿，*padma* 表示 100 亿，由此得出 *maharbuda* 表示 10 亿，*mahapadma* 表示 1000 亿，专门为大数而形成的单词最多可达 10^{17}，甚至更大。这种十进制在梵语中的应用非常广泛，就像一种数字游戏一样，越玩越想玩。这种将无限带入数字认知和数字表示的努力，也包括巴比伦人和希腊人。这种现象可以在神秘的宗教观念或哲学思辨中找到解释。

中国古代的数字符号只能用按照十进制排列的几种相对基础的元素来表示，一般通过乘法和加法实现结合。因此，*san* = 3，*che* = 10；*che san* = 13，但 *san che* = 30。后来，由于外来文化的影响，出现了两种新的符号，其图形与中国古代的符号有一些相似之处。由它们组成的数字不是从上往下写的，而是按照印度的习惯，从左到右以最高的顺序开始。商人用的数字没有被印刷出来，只是在商业文字中看到。通常，序数词和基数词以小圆的形式排列成两行，一行在上、一行在下，必要时加零。如下所示：

$$|| =2, \, \text{X}=4, \, \perp=6, \, +=10, \, \hbar=10000, \, \text{O}=0,$$

$$因此， \hbar \, \text{O} \, \text{O} \, + \, \perp = 20046。$$

阿拉伯人熟练地向西方国家传播东方和希腊的算术，书写数字的习惯一直延续到 11 世纪初。然而，在相对较早的时期，已经形成了数字单词的缩写——迪瓦尼数字。在 8 世纪，阿拉伯人已经熟悉印度的数字系统及其数字，包括零。由于这些数字，在西阿拉伯的文学作品中出现了古巴数字，这与东阿拉伯的关系词形成了鲜明对比。古巴数字是现代数字的祖先，它们源自中世纪早期，但阿拉伯人自己几乎完全忘记了。在西欧的珠算中发现了这些原始的西方数学形式，在 11 世纪和 12 世纪，格伯特（Gerbert），也就是后来的教皇西尔维斯特二世（Sylvester Ⅱ，神圣的公元 999 年）为此做出了很大贡献。

从 9 世纪开始，西方国家的算术在修道院学校中得到了相当大的发展，除了算盘，还使用罗马数字，因此没有使用代表零的符号。在德国，直到 1500 年，罗马符号还被称为德国数字，以便和起源于阿拉伯—印度的符号区别开来，但阿拉伯—印度的符号很少用。阿拉伯—印度的符号包括零（阿拉伯语 as-sifr，梵文 sunya，表示虚空），被称为密码。从 15 世纪开始，在德国，纪念碑和教堂出现的阿拉伯—印度数字更加频繁，但在当时，它们还没有成为公共财产。最早的刻有阿拉伯数字的纪念碑（在靠近托特帕的卡塔雷因）据说可以追溯到 1007 年。这种纪念碑在普福尔茨海姆（Pforzheim，1371 年）

和乌尔姆（Ulm，1388 年）都有发现。13 世纪，在伦敦潮汐时间和月亮持续时间的计算表中，广泛自由地使用了零。1471 年在科隆，彼特拉克（Petrarch）的作品顶部出现了表示页码的印度数字。1482 年，在班贝格出版了第一本带有类似页码的德国算术。除了现在人们普遍使用的数字形式（只出现在 1489 年的算术中），在罗马和印度符号的争斗时期，德国还使用了下列表示 4、5、7 的形式：

下面的例子说明了现代数字的来源，这些例子依次来自 11、13、16 世纪的梵文、圆顶、东阿拉伯，以及西阿拉伯古巴数字。

在 16 世纪，西方所有文明民族首次完全引进印度算术及其符号。通过这种方法，实现了在学校以及贸易和商业服务中发展初等算术的一个必不可少的条件。

第二章　算术

一、总论

　　最简单的数词和初等计数一直都是人类的共同财产。然而，不同的计算方法是从初等计数中衍生出来的，把这些方法应用到复杂的问题中，情况就完全不同了。随着时代的发展，今天每个孩子都熟悉的那部分初等算术，是从特定种姓或较小社区的封闭圈子流传到普通民众中，从而形成了大众文化的一个重要组成部分。在古代，青年人的教育几乎完全是体育运动，只有年长者才会通过与牧师和哲学家的交流来寻求更高的学识，这在一定程度上体现了当今的常规教育中：人们学习阅读、写作和运算。

　　初等算术发展的第一个历史时期，是从埃及人开始的，希腊作家把测量学、天文学和算术的发明归功于他们。他们的著作中也有最古老的算术书籍，也就是阿默士（Ahmes）的算术书籍，其教授整数和分数的运算。巴比伦人在他们的位置算术中使用了六十进制系统，后来，这一系统服务于宗教目的——数字象征主义。希腊人的初等算术，尤其是在最古老的时代，只发展到了中等程度，直到通过哲学学者的活动，才发展出一种以几何为主的真正的数学科学。尽管如此，人们还是很重视计算技巧。从柏拉图呼吁教授青年阅读、写作和算术的理想中，我们可以看出这一点。

罗马人的算术有一个非常实用的转变，它是因继承、私有财产和偿还利息问题的争论而引起的复杂问题。罗马人使用十二进制分数。关于印度最古老的算术，只能作推测；相反，印度初等算术在引进定位系统后，从本土作家的著作中可以看出，其准确性是可以接受的。印度的数学家们为今天的初等算术奠定了基础。印度算术对同样依赖十进制的中国算术的影响是显而易见的。然而，阿拉伯人除了采用印度的数字计算，还采用了纵列计算。

从8世纪到15世纪初是算术发展的第二个阶段。这是一个过渡时期，值得人们关注，是将旧方法移植到新的肥沃土壤的新时代，也是一个印度人久经考验的方法与中世纪流传下来的笨拙而精细的算术运算之间的争斗的时代。起初，只有在修道院和修道院学校里才能找到数学知识，而这些知识都是从罗马人那里得来的。最终，从11世纪到13世纪，在阿拉伯，算盘学家独立的互补方法遭到反对，新出现一批计算学派，他们支持印度算术。

　　直到 15 世纪，也就是研究希腊原始著作，天文学快速发展，艺术和商业兴起的时期，算术史上的第三个阶段才开始。早在 13 世纪，除了为满足自己的宗教和教会需求而设立的大教堂和修道院学校，确切地说，还有算术学校。这些算术学校的建立是为了满足德国城镇与计算机应用熟练的意大利商人之间活跃的贸易的需求。十五六世纪，人文主义思潮和宗教改革大力推动了学校事务的发展。拉丁语学校、写作学校及为男孩甚至为女孩开设的德语学校（在德国）也相继建立起来。在拉丁语学校里，只有上层阶级每周接受一次算术教育，他们学习四个基本规则、分数理论，最多学到三分律，当我们考虑到在当时的大学里经常进行的算术并没有多大的进步时，这一点内容似乎并不那么少。在写作学校和德国男子学校，学生们学习一些计算、计数和记符号的方法，特别是德国数字（罗马文字）和运算（印度方法之后）之间的区别。女子学校只面向上层阶级的学生，但不教算术。只有在算术学校才能在计算方面取得相当大的成就，这些学校中最著名的位于纽伦堡。在商业城镇中，会计师公会可以提供更多的算术知识。真正的数学家和天文学家也共同努力发展算术方法。尽管有这些杰出人物的帮助，但算术教学理论直到 16 世纪末还没有建立起来。因此，要继续努力发展算术。在有关算术的书籍中，只能找到规则和例子，几乎没有证明或推论。

　　17 世纪，数学算术的发展没有发生本质变化。学校没有被恐怖的三十年战争①吞没，和以前一样，算术家们写关于算术的书，也许会设计出计算机使学生们的工作更容易，或者编写算术对话和诗歌。以下内容是摘自托比亚斯·贝特尔（Tobias Beutel）《算术》1693 年第七版的一个样本。

> "学习算数中的数数
>
> 写数字以及读数字"
>
> "总计表示相加
>
> 必须使用加法。"
>
> "如同用一只手洗另一只手
>
> 那么就是加法"
>
> "我们学习数数
>
> 写数字以及读数字"
>
> ……

通过研究交易、折扣，以及简化乘法，使商业算术得以进步。教学的形式保持不变，也就是说，学生按照规则来计算，而不对其性质做任何解释。

18 世纪的第一个也是最重要的创新，就是特殊学校对学校事务进行法律规定，以及建立师范学校（第一所是 1732 年在斯特廷建立

---

① 三十年战争，始于 1618 年，是由神圣罗马帝国的内战演变而成的欧洲国家混战，也是历史上第一次全欧洲大战，于 1648 年结束。

的与孤儿院有关的师范学校）。随着高等学校的重组，出现了一批虔诚的教徒和慈善家。教徒建立了中学（最古老的于 1738 年建在哈雷）和更高级的市民学校；慈善家在他们的启蒙学校不断改进方法来教育世界上有教养的人。这个阶段的算术习题包括除法的简化（向下或自身的约分），以及链式法则和十进制分数更有成效的应用。同时也出现了方法手册，其数量在 19 世纪迅速增加。因此，基础教育受到了特别的关注。佩斯塔洛齐（Pestalozzi，1803）认为，计算的基础是感知。格鲁伯（Grube，1842）认为，要在处理下一个数字之前对每个数字进行综合处理。泰恩克（Tankd）和可尼令（Knilling）认为，计算即数数。裴斯泰洛齐的方法认为："我们的数字系统的十进制结构，它在计算方式上有许多优点，加减法和除法不作为单独的过程出现，附带的解释掩盖了命题的主要内容，即算术真理。"格鲁伯（Grube）简单地从佩斯塔洛齐的原理中得出了最极端的结论。他的序列在很多方面都是错误的，他的计算过程是不合适的。算术的历史发展支持计数原理，每个时代的第一次计算都是观察和计数。

二、第一阶段　从最古老民族的算术到阿拉伯数字

1. 整数算术

如果我们不考虑手指的计算方法，此方法就无法达到绝对的确定性，那么根据希罗多德（Herodotus）的说法，古埃及的计算方法

就是在一个与计算机成直角的计算板上用鹅卵石计算的。巴比伦人可能也使用了类似的装置。在巴比伦人的初等算术中，和埃及人一样，十进制占了主导地位，但就其本身而言，我们也发现，特别是在处理分数时，采用的是六十进制。毫无疑问，这是在巴比伦祭司的天文观测中产生的。一年 360 天的长度提供了将圆划分为 360 个等分的条件，其中的每一部分代表了太阳在天球上的每日路径。如果已知正六边形的构造，那么把每 60 个这样的部分作为一个单位是很自然的。数字 60 被称为 soss。根据十进制的法则，再次乘以六十进制的数字，得到：ner = 600，sar = 3600。巴比伦祭司建立的六十进制也进入了他们的宗教领域，他们的每一个神灵都被指定为 1 至 60 与其等级对应的数字之一。也许巴比伦人也像古印度吠陀历法那样，把 360 天分成 60 个等分。

早在阿里斯托芬（Aristophanes）时代（公元前 420 年），希腊的初等数学在普通计算中就使用了手指算和计算板。士麦那的尼古拉斯·拉布达夫（Nicholas Rhabda，14 世纪）提出了手指算的解释。从左手的小指到右手的小指，三根手指是个位，接下来的两根是十位，再接下来的两根是百位，最后三根是千位。在计算板上，其圆柱与使用者呈直角的 abax（ἄβαξ，防尘板），用鹅卵石进行操作，鹅卵石在不同的行中具有不同的位置值。乘法从各乘数的最高阶开始，形成各部分乘积的和。因此计算结果（以现代形式）表示如下：

$$126 \cdot 237 = (100 + 20 + 6)(200 + 30 + 7)$$
$$= 20000 + 3000 + 700$$
$$+ 4000 + 600 + 140$$
$$+ 1200 + 180 + 42$$
$$= 29862$$

根据普林尼（Pliny）的说法，罗马人的手指算可以追溯到努玛国王，努玛国王为杰纳斯（Janus）制作了一尊雕像，其手指代表一年的天数（355）。与此一致的是，波伊提乌（Boethius）将 1 到 9 的数字称为手指数，10，20，30……称为关节数，11，12，…，19，21，22，…29……称为复合数。罗马人在初等教学中使用算盘。算盘通常是一块布满灰尘的木板，人们可以在上面描画图形、圆柱和使用鹅卵石工作。或者，如果算盘仅用于计算，则它使用的是由金属制成并设有凹槽的算盘（下面的示意图中的垂直线），任意一个符号（横线）都可以在槽中移动。

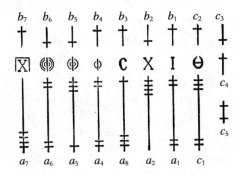

列 $a_1 \cdots a_7$，$b_1 \cdots b_7$ 组成了 1 到 10000 的体系，a 列上有四个标记，b 列上只有一个标记。四个标记分别代表一个单位，顶部单个标记代

表思考中的五个单位。进一步来说，$c_1 = \dfrac{1}{12}$，$c_2 = \dfrac{6}{12}$，$c_3 = \dfrac{1}{24}$，$c_4 = \dfrac{1}{48}$，$c_5 = \dfrac{1}{72}$（相对于 a 的除法），算盘上的图代表 $782192 + \dfrac{3}{12} + \dfrac{1}{24} + \dfrac{1}{72} = 782192\dfrac{11}{36}$。这个算盘用于计算简单的问题。除此之外，还使用了乘法表。对于数字较大的乘法，有特殊的表格。维多利亚（Victorius）（约公元 450 年）提到过这样的问题。波伊提乌（Boethius）称算盘为顶点标记（apices），从他那里我们学到了一些有关乘法和除法的知识。在这些操作中，乘法可能，除法肯定是通过使用补数来完成的。在波伊提乌的著作中，"微分"一词是用来表示除数到下一个完整的十位或百位的补数。因此，对于除数 7，84，213，微分分别为 3，6，87。从以下现代形式的例子中可以看出这种有余数的除法的本质特征：

$$\frac{257}{14} = \frac{257}{20-6} = 10 + \frac{60+57}{20-6} = 10 + \frac{117}{20-6}$$

$$\frac{117}{20-6} = 5 + \frac{30+17}{20-6} = 5 + \frac{47}{20-6}$$

$$\frac{47}{20-6} = 2 + \frac{12+7}{20-6} = 2 + \frac{19}{20-6}$$

$$\frac{19}{14} = 1 + \frac{5}{14}$$

$$\overline{\qquad\qquad\qquad\qquad\qquad\qquad\qquad}$$

$$\frac{257}{14} = 18 + \frac{5}{14}$$

中国人的算盘有点像罗马人的算盘。这个计算设备通常由一个插有十根金属丝的框架组成。一根横向的金属丝把这十根金属丝分成不等的两部分，每个较小的部分穿着两个球，每个较大的部分穿着五个球。中国的算术没有加减法的规则，有乘法的规则，和希腊一样，乘法从最高阶开始，除法以重复减法的形式出现。

　　在引入位置算术之后，印度的计算有了一系列适用于执行基本操作的规则。在被减数较小的情况下，减法是通过借位和加法来完成的（如所谓的奥地利减法）。在乘法中，有几个步骤可用，在某些情况下，乘积是通过分解乘数，然后加上部分乘积得到的。在其他情况下，引入了一个示意图，其特性如示例 $315 \times 37 = 11655$ 所示。

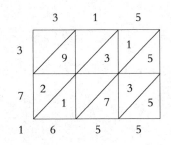

　　乘法的结果是将在矩形内沿斜线方向的数字相加得到的。关于除法，我们只有一些说明，也许这里并没有用到互补的方法。

　　最早提供给我们有关阿拉伯数字的信息的作家是花拉子米[①]（Al Khowarazmi）。很明显，他借鉴了印度算术的方法。一共教了六个步骤。加法和减法从最高位数开始，也就是从左边开始，对分从右边开始，加倍又从左边开始。乘法受到印度人所说的中性（Tatstha）的影响，部分乘积从被乘数的最高位数开始，被写在后者对应数字的上

----

　　① 　花拉子米，波斯数学家。

面，将后面部分乘积的其他个位加到乘积的每一个数字上（用沙子或灰尘），擦除并修正，以便在计算结束时，结果在被乘数之上。除法从来都不会以互补的方式进行，除数位于被除数的下方，随着计算的进行，除数向右移动。商和余数位于除数的上面，$\frac{461}{16} = 28\frac{13}{16}$ 的形式如下所示：

$$13$$
$$14$$
$$28$$
$$461$$
$$16$$
$$16$$

纳萨维也（Al Nasawi）以与花拉子米（Al Khowarazmi）相同的方式计算，他们的方法体现了东阿拉伯人初等算术的特征。西阿拉伯人的计算方法与东阿拉伯人基本上是相同的，但在实际工作中或多或少有些偏差。除了印度的图形计算法，伊本·巴纳（Ibn al Banna）还教了一种按列计算的方法。从右到左，列被组合成三组，组被称为 *takarrur*，记录一个数字所需的所有列的数目被称为 *mukarrar*。因此，对于数 3 849 922，*takarrur* 或完整组数为 2，*mukarrar z* = 7。卡尔萨迪（Al Kalsadi）著有一本《揭开古巴数学的面纱》（*Raising of the Veil of the Science of Gubar*）。古巴（尘）的本义在这里已转移到书面的数字计算中。其特点是，它把加法、减法（= tarh，taraha = 扔掉）和乘法的结果写在列式的最上面，如下面的例子所示：

$$193 + 45 = 238 \qquad\qquad 238 - 193 = 45$$

写作：   写作：

$$\begin{array}{c} 238 \\ \hline 193 \\ 45 \\ 1 \end{array} \qquad\qquad \begin{array}{c} 45 \\ \hline 238 \\ 193 \\ 1 \end{array}$$

卡尔萨迪（Ai Kalsadi）发现了几个乘法规则，一个乘数跟随前面的乘数进行。除法的结果写在下面。示例如下：

第一个例子：   第二个例子：

$$7 \times 143 = 1001 \qquad\qquad \frac{1001}{7} = 143$$

写作：   写作：

$$\begin{array}{c} 1001 \\ \hline 21 \\ 28 \\ 7 \\ \hline 143 \\ 777 \end{array} \qquad\qquad \begin{array}{c} 32 \\ 1001 \\ \hline 777 \\ \hline 143 \end{array}$$

2. 分数算术

阿默士（Ahmes）在他的算术中用了很多例子来说明埃及人是如何处理分数的。他们只使用单位分数，也就是分子是 1 的分数。因此，对于这个分子，在象形文字中发现了一个特殊的符号〇，在僧侣体中是一个点，所以在僧侣体中，单位分数用它的分母表示，并在它的上面画一个点。此外，在象形文字中还发现了代表 $\frac{1}{2}$ 和 $\frac{2}{3}$ 的 ▭

和 ▯，在僧侣体中，分数 $\frac{1}{2}, \frac{2}{3}, \frac{1}{3}, \frac{1}{4}$ 也有对应的特殊符号。阿默士解

决的第一个问题是，将分数分解为单位分数。例如，他发现 $\frac{2}{9} = \frac{1}{6} +$

$\dfrac{1}{18}$，$\dfrac{2}{95} = \dfrac{1}{60} + \dfrac{1}{380} + \dfrac{1}{570}$，这种分解其实具有不确定性，阿默士不是用一般的方法解决的，而只是针对特殊情况解决的。

巴比伦人的分数都是六十进制，一开始有一个公分母，可以像整数一样处理。在书写体中，只有分子附有一个特殊的符号。希腊人写分数时，先在分子的右上角画一笔，然后在分母的右上角画两笔，这样写两遍，因此 $\iota\xi'\kappa\alpha''\kappa\alpha'' = \dfrac{17}{21}$。在单位分数中省略分子，分母只写一次：$\delta'' = \dfrac{1}{4}$。要连续添加单位分数，$\xi''\kappa\eta''\rho\iota\beta''\sigma\kappa\delta'' = \dfrac{1}{7} + \dfrac{1}{28} + \dfrac{1}{112} + \dfrac{1}{224} = \dfrac{43}{224}$。在算术中，单位分数得到了广泛的应用，后来，六十进制分数也得到了广泛的应用（在角的计算中）。关于分数中间的横线则没有任何说明。实际上，在出现这种用法的地方，它只标记加法的结果，而不标记除法的结果。

罗马人的分数计算提供了一个使用十二进位制的例子。分数 $\dfrac{1}{12}$，$\dfrac{2}{12}$，…$\dfrac{11}{12}$ 都有特殊的名字和符号。这些十二进制分数的唯一用途是由于 1 磅重的铜被分成 12 盎司，1 盎司等于 4*sicilici* 和 24*scripuli*，1 = as，$\dfrac{1}{2}$ = semis，$\dfrac{1}{3}$ = triens，$\dfrac{1}{4}$ = quadrans 等，此外，特殊的 $\dfrac{1}{12}$ 的分数 $\dfrac{1}{24}$，$\dfrac{1}{48}$，$\dfrac{1}{72}$，$\dfrac{1}{144}$，$\dfrac{1}{288}$ 也有特殊名称。这类分数的加减法比较简单，但乘法很复杂。这个系统最大的缺点是，所有不适合这个十二

进制的除法都可以用最小的数值表示，但非常困难或只能用近似值表示。

在印度人的计算中，同样出现了单位分数和衍生分数。分母位于分子下面，但没有用横线分开。印度天文学家更喜欢用六十进制分数来计算。在阿拉伯人的计算中，花拉子米为 $\frac{1}{2}$，$\frac{1}{3}$…$\frac{1}{9}$（可表达的分数）都起了专门的名称。所有分母不能被2、3…9整除的分数称为无声分数，它们通常用遁词来表示，比如 $\frac{2}{17}$ 就是 17 份中的 2 份。纳萨维也将整数与分数的混合数字写成三行，一行挨着一行，最上面一行是整数，整数下面是分子，分子下面是分母。天文学分数的计算，只使用六十进制系统。

3. 应用算术

古人的应用算术除了解决日常生活中常见的问题，还包括天文和几何问题。在这里我们忽略几何问题，因为本书其他章节会讨论这些问题。阿默士解决了伙伴关系中的问题，并确定了一些最简单级数的和。亚历山大港的西昂（Theon）展示了如何通过使用六十进制分数和日晷来获得一些角度的平方根的近似值。罗马人主要关心的是利益和继承问题。印度人已经发展了"假方位法"和"三律法"的方法，并研究了混合法、蓄水池和级数等问题，阿拉伯人对这些问题做了进一步的研究。随着应用算术的出现，人们对数论的观察也越来越频繁。埃及人知道一个数能被 2 整除的测试。毕达哥拉斯（Pythagoreans）把数字分为奇数、偶数、亲和数、完全数、冗余数和缺陷数。在两个亲和数中，每一个都等于另一个各整除部分的和（如，对数字 220，1 + 2 + 4 + 5 + 10 + 11 + 20 + 22 + 44 + 55 + 110 = 284，对数字 284，1 + 2 + 4 + 71 + 142 = 220），一个完全数等于它的各整除部分之和（6 = 1 + 2 + 3）。如果各整除部分的和大于或小于数字本身，则此数被称为冗余数或缺陷数（8 > 1 + 2 + 4；12 < 1 + 2 + 3 + 4 + 6）。除此之外，欧几里得（Euclid）还从几何的角度出发，对可除性、最大公约数和最小公倍数展开了一些基础性的研究。印度人很熟悉去九法和连分式，阿拉伯人也从他们那里学到了这方面的知识。无论这些古代早期的研究是多么微不足道，但它们孕育了 19 世纪数字理论的巨大发展。

三、第二阶段　8 世纪至 14 世纪

1. 整数算术

在修道院学校、圣公会学校，以及墨洛温王朝和加洛林王朝时期的私立学校里，几乎只有修道士在授课。修道院学校在推进数学知识的进步方面没有什么贡献，相反，圣公会学校和使用意大利方法的私立学校似乎带来了非常有益的结果。第一个教授这些数学知识的是修道士塞维利亚（Seville）和伊西多里斯（Isidorus）。这位修道院学者将自己局限于对罗马数字的推导和延伸中，而对同时代人的计算方法却只字不提。像比德（Bede）这样德高望重的人也只发表了一些关于手指算的进一步发展。比德展示了如何从左手到右

手通过增加手指来表示数字，从而假定他对手指算有一定的了解，正如他的前辈马克罗比乌斯（Macrbius）和伊西多里斯（Isidorus）提及的那样。这种以东方和西方完全相同的方式出现的数字微积分学，在当时祭司们确定教堂盛宴的日期方面发挥了重要作用，至少"computus digitalis"和"computesecclesiasticus"在使用时通常意义相同。

关于基本操作，比德没有表达自己的观点。阿尔昆（Alcuin）非常重视数字神秘主义，并以一种非常烦琐的方式计算罗马数字。格伯特（Gerbert）是第一个提出算盘计算的实用规则的人，他依赖的是波伊提乌（Boethius）著作中的算术。他教的是纯粹的算盘，并因他的名声而广为流传。格伯特的学生伯尼利努斯（Bernelinus）对他的算盘进行了准确的描述，它是一张用于绘制几何图形的桌子，上面撒上了蓝色的沙子，但是为了计算，他把算盘分成了 30 列，其中有 3 列留作分数计算，剩下的 27 列从右到左分成三组，每一组的第一行从右到左依次写着 S（singularis）、D（decem）、C（centum）。使用的数字符号，即所谓的顶点，是 1 到 9 的符号，但没有零。用这个算盘计算，中间的运算过程可以省略，最后只剩下结果，或者用计数器计算。基本运算主要是通过使用补数来完成的，尤其是除法。$\frac{199}{6}$ = $33\frac{1}{6}$ 的商可以说明这种有余数的除法。

C	D	S
		6
		4
1	9	9
1	9	9
	4	
	1	6
		4
	4	9
1		6
	1	4
		9
	1	4
		3
	1	4
		7
		1
	1	4
	1	1
		4
		1
		1
		1
	3	3

C	D	S
		6
1	9	9
1	9	9
		1
	3	3

	10-4
1 9 9	10
99+40	
139	10
79	7
9+28	
37	3
19	1
13	1
7	1
1	33

在上面的例子中，左侧是有余数的除法的完全表现形式，随着计算的进行，要被擦掉的数字由右侧的一个句号表示。右边是没有形成除数之差的算盘除法，下面是现代计数法中有余数的除法的表现形式。

在 10 世纪和 11 世纪，出现了大量作家，他们主要是神职人员，他们用算盘计算，但没有 0，也不用印度—阿拉伯的方法。在阿拉伯系统中，顶点与算盘本身或一个代表数字的图形相连接，而在行书中，罗马数字符号代表多个数字。这种方法和罗马方法之间的对比是如此的惊人，以致奥多（Oddo）写道："如果用 5 乘以 7，或者 7 乘以 5，他会得到 35。"（5 和 7 写在顶端。）

珠算时代出现了一种特殊的习惯，就是用特殊的符号表示一些罗马符号体系中没有的数字，这种用法一直延续到中世纪。例如，在格雷夫斯瓦尔德（Greifswald）的城镇书籍中，250 一直用 CCC^{γ} 表示。

直到 12 世纪初，算盘学家以其卓越的除法方法在西方的计算中占有完全主导的地位。但随后发生了一场彻底的革命。算盘，这种古老的罗马计算和数字书写方法，注定要让位于阿拉伯数字系统，因为阿拉伯数字系统合理地使用了零，计算过程也更简单。当然，二者也存在着进一步的争斗。人们都学习西方阿拉伯数学。在推广阿拉伯计算方法的人中，贡献尤其突出的是克雷莫纳的格哈德（Gerhard），因为他把希腊和阿拉伯作家的一系列著作翻译成拉丁文。后来形成了一个阿拉伯数字系统学派，与算盘学家形成鲜明对比的是，他们没有有余数的除法，却拥有印度人的带有零的定位系统。斐波那契（Fibonacci）的作品《计算之书》，为印度方法的推广提供了最可靠的材料。这本书"是算术学家和代数学家汲取智慧的源泉，从这个意义上讲，它为现代科学的发展奠定了基础"。此外，它还详细阐述了整数和分数的四个规则。特别值得注意的是，除了普通的借位减法，他还通过将减数的下一个数字增加 1 来教授减法，因此斐波那契被认为是这种更进步的方法的创造者。

2. 分数算术

此外，在算盘学家贝达（Beda）、格伯特和伯纳利努斯（Bernelinus）专门研究罗马十二进制分数之后，斐波那契为他的除法奠定了新的基础。他解释了如何把分数分解成单位分数。在处理小数字时特别有利的是他确定公分母的方法：最大的分母乘以每个紧跟其后的分母，并约掉每对因子的最大公约数。（例如，24，18，15，9，8，5 的最小公倍数是 $24 \times 3 \times 5 = 360$。）

3. 应用算术

算盘学家算术的主要目的是确定复活节的日期。除此之外，显然是由阿尔昆（Alcuin）撰写的《促进思维的问题》，在本书中他推荐罗马的方法。在这方面，列奥纳多·斐波那契（Leonardo Fibonacci）也提出了最杰出的规则（试位法），但他的问题更多的是属于代数领域，而不是较低的算术领域。

算盘学派很难对数论进行研究。另外，算法设计学家列奥纳多很熟悉去九法，他对此提出了独立的证据。

四、第三阶段　15 世纪至 19 世纪

1. 整数算术

从整体上看，虽然整个 14 世纪都只是在复制前人的成果，但从 15 世纪开始，一个新的活跃时期到来了，其代表人物为德国的普尔巴赫（Peurbach）和雷格蒙塔努斯（Regiomontanus）及意大利的卢

卡·帕乔利①（LucaPacioli）。就个别过程而言，加法的总和有时位于加数的上面，有时位于加数的下面；减法识别"携带"和"借用"；在乘法运算中，各种方法都盛行；在除法方面，还没有确定的方法。普尔巴赫的十进位法将算术运算命名为数字、加法、减法、减半法、倍增法、乘法、除法、级数（算术级数和几何级数），此外，在十进制分数发明之前，十进制分数是借助于六十进制分数来提取根的。他向上排列的除法仍然使用递进除数的排列方式，它以下面的方式进行[左边是对过程的解释，右边是普尔巴赫的除法，在计算过程中要删除的数字由在右边和下面的句号表示]：口头叙述有点像这样：84 中包含有两个 36，2×3＝6，8－6＝2，则把 2 写在数字 8 的上方；2×6＝12，24－12＝12，在数字 2 的上方写下 12，再删掉数字 2，以此类推。与其他运算一样，通过去九法来证明计算结果的准确性。这种向上进行的除法用口头表述并不困难，出现在 19 世纪开始前不久的算术中。

$$
\begin{array}{c|c}
 & 36 \\
8479 & 235 \\
\hline
6 & \\
\hline
24 & \\
12 & \\
\hline
12 & \\
9 & \\
\hline
37 & \\
18 & \\
\hline
19 & \\
15 & \\
\hline
49 & \\
30 & \\
\hline
19 & \\
\end{array}
$$

```
            1 1
          1 3 4
          2 2 9 9
          8 4 7 9 | 235
          3 6 6 6
```

———————

① 卢卡·帕乔利，近代会计之父，著有《数学大全》。

　　16 世纪，算术广泛地进入了拉丁语学校，但是在 1525 年以前，无论是学者还是政治家，都没有考虑过平民大众的孩子。在这方面，1548 年第一次在巴伐利亚规定，将算术作为必修课引入了乡村学校，这是非常有意义的。除了偶尔使用手指法计算，这种计算使用计数器进行计算，或者使用数字进行计算。这两种方法都是从图形计算的实践开始的。为了使用这个计数器进行计算，在合适的基础上绘制了一系列水平平行线。从下面向上计算，每个平行线被标示为第一、第二、第三……行，分别表示 1、10、100……但行与行之间表示 5、50、500……下图为 $41096\frac{1}{2}$ 的表达式。减法中的被减数和乘法中的被乘数写在直线上。除法被认为是重复减法。这种线算在 17 世纪完全消失了，取而代之的是真正的书面算术或数字计算，几乎从一开始，高级的学校就采用这种方法。

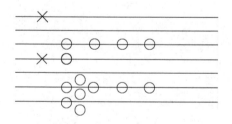

　　在中世纪的普通商业和贸易中也广泛使用了记分法。15 世纪初，这种方法在法兰克福基本上是很常见的，在英国，这种方法一直延续到 19 世纪。每当商人赊购货物时，就用一根木棍上的切口表示金额，这根木棍被纵向劈成两半，使两部分相匹配，债务人保留一根，债权人保留一根，以防止欺诈。

在 16 世纪，密码运算中的计算机一般能区分 4 种以上的运算，一些能够数到 9，还有以普尔巴赫命名的 8，还有作为第九步的运算，提取公式 $(a+b)^2 = a^2 + 2ab + b^2 d$ 的平方根，提取公式 $(a+b)^3 = a^3 + (a+b)3ab + b^3$ 的立方根。虽然出现了相关定义，但这些只是重复和累赘。因此，格拉马厄斯（Grammateus）称："乘法是用一个数字乘以另一个数字，减法是用一个数减去另一个数，这样就能看到余数。"

加法和现在的一样。对于减数中减数较大的情况，德国的习惯是将这个数字补全到 10，将这个补数加到被减数上，同时给减数中下一个更高阶的数字增加 1［斐波纳契的计数方法］，一些更全面的书籍介绍了这种情况的借位法。乘法是以乘法表中的乘法运算为前提的，它的运算方式多种多样。最常见的情况是，像现在的乘法一样，它以向左逐步下降的方式进行。卢卡·帕乔利（Luca Pacioli）描述了八种不同的乘法，其中包括上面提到的两种古老的印度方法，其中一种在第 29 页，另一种是交叉相乘的方法或交错相乘的方法。在后一种方法中，所有涉及单位、十位和百位的结果都被分组。

乘法

$$243 \times 139 = 9 \cdot 3 + 10(9 \cdot 4 + 3 \cdot 3) + 100(9 \cdot 2 + 3 \cdot 4 + 1 \cdot 3) + 1000(2 \cdot 3 + 1 \cdot 4) + 10000 \cdot 2 \cdot 1$$

表示为：

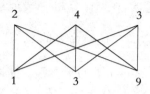

除此之外，在德语书籍中还发现了两种值得注意的乘法方法，其中一种是从左边开始的（和希腊人一样），部分乘积是在适当的位置依次写出的，如下例 839 乘 243 所示：

| |
| 839 |
| 243 |
| 166867 |
| 3129 |
| 232 |
| 14 |
| 2 |
| 203877 |

$$839 \cdot 243 = 2 \cdot 8 \cdot 10^4 + 2 \cdot 3 \cdot 10^3 + 2 \cdot 9 \cdot 10^2$$
$$+ 4 \cdot 8 \cdot 10^3 + 4 \cdot 3 + 10^2 + 4 \cdot 9 \cdot 10$$
$$+ 3 \cdot 8 \cdot 10^2 + 3 \cdot 3 \cdot 10 + 3 \cdot 9.$$

虽然卢卡·帕乔利在 1494 年以现代的形式教授了向下进行的除法，但是在除法中，向上进行的除法占了优势，而且使用非常广泛。

根据历史传统，计算完成后，需要一个证明。一开始是通过去九法证明，由于这种方法的不可靠性（卢卡·帕乔利）也真正意识到了这一点，逆运算获得了推荐。随着时间的推移，其证明被完全放弃了。

所谓的运算符号还没有被使用，18 世纪，这些运算符号从代数过渡到初等算术。不过，威德曼（Widmann）在他的算术中已经出现了 + 和 - ，这两个符号可能已经在商人中使用了一段时间，因为它们也出现在 15 世纪的维也纳数学中。后来，沃尔夫（Wolf）使用 ÷ 为减号。在计算中，首次以印刷体的形式使用"百万"这个词的是卢卡·帕乔利（Luca Pacioli 算数之和，Summa de Arithmetica，1494）。在意大利语中，"百万"这个词最初代表的是具体的质量，即 10 吨黄金。早在 1484 年，丘奎特（Chuquet）就发现了"byllion, tryllion, quadrillion, quyllion, sixlion, septyllion, ottyllion, nonyllion"以及"百万"，而"miliars"（相当于 10 亿），这个词可以追溯到里昂的约翰·特朗尚（Jean Trenchant，1588）。

17 世纪算术在用于计算基本过程的仪器设备特别有创造性。纳皮尔（Napier）的标尺试图证明乘法表无用。这是个四棱柱，每边都有一个小乘法表，表示数字 1，2，…9。使用其上刻有一个数字的正方形和立方体的图来提取平方根和立方根。真正的计算机器是由帕斯卡尔、莱布尼茨（1778）等人设计的，它只需简单地转动手柄就能得出结果，但由于这个原因，它一定是精巧而昂贵的。

另一种简化是通过计算表来实现的。这些表格是用来解决问题的，同时附带了扩展乘法表，例如霍恩堡（Herwart von Hohenburg）的乘法表，可以立即得出 1 到 999 任意两个数字的乘积。

对于 18 世纪的计算方法来说，斯图姆（Sturms）和沃尔夫以及卡斯特纳（Kastner）的算术著作是很重要的。为了商业算术的利益，人们尝试用各种方便的方法来简化乘法和除法，但没有任何真正的新成果。然而，直到这个阶段的后几十年，所谓的心算或口算才成为独立的分支。

19 世纪，初等算术中只引入了所谓的奥地利减法（连续计算）

和除法，这是一种新颖的方法，斐波纳契为这种方法的发展铺平了道路。差 323 − 187 = 136 的计算方法为：7 和 6、9 和 3、2 和 1；43083：185 的排列方式如下面的第一个例子所示：

	185
43083	232
608	
533	
163	

1	1679	2737	1
1	621	1058	1
2	184	437	2
2	46	69	1
	0	23	

充分的实践证明，这一过程确实节省了大量的时间，特别是在确定两个或两个以上数的极大公约数的情况下，如上面第二个例子所示：

$$\frac{1679}{2737} = \frac{73}{119}$$

2. 分数算术

在这一阶段的初期，分数计算被认为是非常困难的。学生们首先要学会怎么读分数："要注意到，每个分数都有两个数字，它们中间有一条线。上面的数叫作分子，下面的数叫作分母。"因此，分数就被表达为：先读上面的数，再读下面的数，并使用单词 part 来表示，如 $\frac{2}{3}$ part（格拉马厄斯 Grammateus 1518）。然后是为乘法和除法确定公分母，使之可以简化到最小的规则。最后，这些分数首先被设定为有一个公分母。塔尔塔利亚（Tartaglia）知道如何找最小公分母，施蒂费尔（Stifel）使用分数的倒数进行除法运算，还有在其他作家的作品中发现得更多。

十进制小数的引入方法是由六十进制和十二进制分数系统组成的，因为通过使用它们，小数运算可以很容易地由相应的整数运算来实现。鲁道夫已经知道了一种常用的十进制小数符号，他在整数除以10的乘方时，用逗号切断所需的位数。十进制小数的完整知识起源于西蒙·斯特文（Simon Stevin），他把统一以下的定位系统扩展到任何期望的程度。十分之一、百分之一、千分之一……被称为 primes，sekondes，terzes……4.628 被写作 $4_{(0)} 6_{(1)} 2_{(2)} 8_{(3)}$。乔斯特·比尔吉（Joost Bürgi）在他的正弦表中，使用了 0.32 和 3.2 的小数形式，这可能与西蒙·斯特文的不同。句号作为小数点的引入是开普勒完成的。在实际运算中，除对数计算外，十进制小数只用于计算利息和简化表。19 世纪初，随着十进制标准体系的引进，这些算术被纳入了普通算术之中。

3. 应用算术

在中世纪的过渡时期，应用算术以一种简单和不完整的方式从拉丁语专著中吸收了大量的知识，15 世纪和 16 世纪也显示出朝这个方向发展的迹象。即使是 1483 年的班伯格（Bamberger）算法也有其独特的实用性，并且只针对商业事务中的计算。在所有算术书籍中占据首位的解决方法是"三分法"（regula de tri，rule of three），也被称为"商人法则"或"黄金法则"。三分法的表述是非常机械的；几乎没有人考虑到所占的比例，甚至连会计大师也满足于写 4 fl 12 ℔ 20 fl，而不是 4 fl: 20 fl = 12 ℔: x ℔。我们确实可以找到有间接比率的三分法的例子，但是没有任何解释。涉及三分法的复合规则的问题，仅仅通过连续应用简单的三分法就解决了。在塔尔塔利亚和威德曼（Wid-mann）的研究中，我们发现平均分期付款的方法一直沿用至今。另外，威德曼 1489 的算术则在规则和命名上表现出极大的模糊性，而且没有范围界限，以致同一事物经常出现在不同的名称上。他介绍了法规、回报、超越、除法、象限、发明、横向及相等，等等。在后来的几年里，施蒂费尔（Stifel）毫不犹豫地宣布这些事情太可笑。比例的问题和混合法的问题是按照被分组的数的比例来解决的。对于复利的计算，塔尔塔利亚提出了四种解决方法，其中一种是逐年分步计算，另一种是借助公式 $b = aq^n$ 计算，公式 $b = aq^n$ 不是他提出的。交换计算是以最简单的形式教授的。据说，兑换最初是由犹太人使用的，他们在 7 世纪从法国被驱逐出去之后移民到伦巴第。从伦巴第逃出来的吉伯林人把兑换引进了阿姆斯特丹，随后汇兑就从这个城市传播开来。1445 年，汇兑信件被带到了纽伦堡。

链式法则（Kettensatz）本质上是印度的一种方法，根据婆罗马古塔（Brahmagupta）的描述，它是在 16 世纪发展起来的，但直到两个世纪后才开始普遍使用，而且表示法各不相同。帕乔利和塔尔塔利亚把所有的数字都写在一条水平线上，并将偶数和奇数的项相乘，得到各自单独的乘积。施蒂费尔也是这样做的，只是他把所有的数字都一个挨着一个垂直地放在一起。鲁道夫也看到了取消的好处，在他的作品中，我们发现了表示链式规则的现代方法，但答案在最后。

大约在这个时期，商人们把一种新的计算方法从意大利引入德国，这种方法在 16 世纪占据了重要的地位，在 17 世纪更是如此。不久，人们就把这种方法叫作威尔士（即外国）方法。实践发现，这种方法可以应用于按比例表示两项的乘积，特别是当这两项的量不同时。乘数及其所属的分数被分解成加数，用最简单的方法通过一个数连续求出乘数的结果。施蒂费尔是如何理解威尔士方法的真正意义和适用性的，以下陈述可以表明："威尔士方法只不过是'三原则'的一个聪明而有趣的发现。但是，如果一个不了解威尔士方法的人依赖于简单的'三原则'，那么他将会得到与另一个人用威尔士方法得到的结果相同。"在这个时期，我们也发现价格表和利息表，它们是意大利人引进的。在 16 世纪，我们也发现了关于规则的例子，它们出现在算术基础教学的著作中，这些著作通常是作者全部的学习内容。然而，这些规则的重要性不在于初等算术，而在于方程式。同样地，一些算术著作包含了魔方的构造说明，其中大多数还包含了作为副题的某些算术游戏和幽默问题（鲁道夫称它们为 Schimp-frechnung）。这些幽默问题实质上就是代数方程（猎犬和野兔的问题，三次敲击木桶的问题，经过某些运算，得到的数字已经改变了，等等）。

　　17 世纪仅在商业计算领域带来了根本性的创新。虽然在 16 世纪，计算利息都有正确的方法，但在计算一定数量的金额时，也就是计算给定金额的折扣时，往往会出现严重的错误。100 元的折现是这样计算的：100 美元两年后的利息是 10 美元；如果要立即支付 100 美元，就要扣除 10 美元。正如莱布尼茨（Leibnitz）指出的那样，折扣必须根据 100 计算，但大多数算术学者误解了他的方法，如果一年内 5% 的折扣是 $\dfrac{1}{21}$，那么两年的折扣一定是 $\dfrac{2}{21}$。直到 18 世纪，经过漫长而激烈的争论，数学家和法学家们才在正确的公式上达成了一致。

在计算兑换方面，荷兰人领先于其他民族。他们在商业算术方面有专门的论文，因此，他们非常熟悉汇兑仲裁的基本原则。在商业算术的方法中，许多权宜之计在 18 世纪被发现，以帮助基本运算和解决具体问题。汇兑的计算和汇兑的套利是克劳斯伯格（Clausberg）坚定地确立的，并对其进行了深入的研究。特别考虑的是所谓的里斯法则，它被认为不同于众所周知的链式法则。里斯（Reesic）的书是用荷兰语写的，1737 年被翻译成法语，1739 年又从法语翻译成德语。在他的级数创作中，里斯从所需的项开始，在计算过程中，先消去分数，然后再进行乘除运算。

通过建立保险协会，资本和利息的计算扩展到了所谓的政治算术，其中意外事故和年金的计算占有重要地位。

政治算术发展的最初条件可以追溯到公元 3 世纪初的罗马行政长官乌尔比安（Ulpian），他设计了一个罗马臣民的死亡率表。但在罗马人中没有任何关于人寿保险制度的资料。直到中世纪，捐赠基金和公会财务的法律规定才开始出现。从 14 世纪开始，就有了旅游和意外保险，根据公司自身的约束，支付一定数额的赔偿金，把被保险人从土耳其人或摩尔人的囚禁中解脱出来。

在中世纪的公会中，火灾、牲畜损失和类似损失的互助协会的概念已经形成。在宗教改革后兴起的工匠公会中，这种情况更为明显，这些公会设立了定期的疾病和丧葬基金。

我们必须把养老储金会看作养老保险的先驱。17 世纪中叶，意大利医生洛伦佐·通蒂（LorenzoTonti）带领许多人在巴黎劝募了一些资金，这笔钱的利息应按年分给在世的会员。法国政府认为这是一种容易获得资金的方法，从 1689 年到 1759 年，法国政府建立了 10 个养老储金会，这些储金会都在 1770 年倒闭了，因为事实证明这种国家贷款并不是有利可图。

与此同时，运用数理科学的研究成果，为保险业的发展奠定了坚实的基础。帕斯卡（Pascal）和费尔马（Fermat）概述了意外保险的计算，荷兰政治家德威特（De Witt）用他们的方法，根据荷兰几个城市的出生和死亡名单，专门在一篇论文中阐述了养老保险制度。另外，在 1662 年，威廉·佩蒂爵士（Sir William Petty）在一本关于政治算术的著作中，首次对普遍死亡率进行了有价值的研究——正是这本著作促使约翰·葛拉蒂（John Graunt）创建了死亡率表。1692 年，布雷斯劳的一位牧师斯帕·诺伊曼（Kaspar Neumann）也公布了死亡率表，引起了人们的极大关注，以致伦敦皇家学会（Royal Society of London）委托天文学家哈雷（Halley）对这些表进行了验证。在诺伊曼的资料的帮助下，哈雷建立了第一个完整的各个年龄段的死亡率表。尽管这些表格直到半个世纪后才得到应有的认可，但它们为后来的所有这类作品奠定了基础，因此哈雷理所当然地被称为死亡率表的发明者。

最早的现代人寿保险制度是英国企业的产物。在 1698 年和 1699 年出现了两个公司，但不重要，它们的业务领域仍然有限。然而，在 1705 年，伦敦出现了"友好公司"，该公司一直延续到 1866 年。"皇家交易所"和"伦敦保险公司"是两个较老的火灾和海上保险公司，于 1721 年将人寿保险纳入其业务范围，至今仍然存在。这些机构的管理人员很快就意识到迫切需要可靠的死亡率表，这一事实促使哈雷的研究被托马斯·辛普森（Thmas Simpson）从遗忘中拯救出来，詹姆斯·多德森（James Dodson）也设计出了继哈雷方法之后的第一张保费表，其规模还在不断扩大。成立于 1765 年的"生命和生存平等保障协会（Society for Equitable Assurances on Lives and Survivorships）"是最早使用这些科学创新作为基础的公司。

虽然在 19 世纪初，八家人寿保险公司已经在英格兰开展了慈善工作，但与此同时，尽管莱布尼茨、伯努利（Bernoullis）、欧拉（Euler），还有其他人在保险科学方面取得了进步，欧洲大陆上却没有一家这样的机构。1819 年，法国出现了"生活保障公司"。在布莱梅，1806 年的战乱使一家人寿保险公司的创立受挫。直到 1828 年，两家最古老的德国公司才成立，一家在利贝克，另一家在哥达，均由"德国保险业之父"恩斯特·威廉·阿尔诺迪（Ernst Wilhelm Arnoldi）管理。

19 世纪，死亡率表的文献变得更加丰富，例如，英国人亚瑟·摩根（Arthur Morgan）（18 世纪）、法尔（Farr）、比利时克特莱（Quetelet）、德国人布鲁恩（Brune）、海姆（Heym）、菲舍尔（Fis-

cher)、维特斯坦（Witstein）和舍弗勒（Scheffler）编制的死亡率表。最近在这一领域取得的一项资料是根据1876年在布达佩斯举行的国际统计大会的表决结果编制的死亡率表，其中列出了1871—1881年十年间德意志帝国人口的死亡率。保险科学的发展和进步的资料是由1849年在伦敦成立的"精算师协会"提供的。自1868年以来，柏林也有一所"保险科学学院"，但它既不提供学习机会，也不提供审核。

以下汇编提供了1890年的保险情况及其在德国发展情况的调查资料。德国：

年份	生命保险公司数目	个人投保数目	总计（以整数计算,百万马克）
1852	12	46980	170
1858	20	90128	300
1866	32	305433	900
1890	49	……	4250

以下是1890年的调查：

地点	保险公司数目	有效保险金额
德国	49	42.5亿马克
大不列颠和爱尔兰	75	9亿英镑
法国	17	32.5亿法郎
欧洲其他国家	58	32亿法郎
美国	48	40亿美元

18世纪所发展或发现的一切，在19世纪都有了进一步的发展。

实际计算的重心在于商业计算，这一点在大量的文献中也得到了体现，这些文献详尽地阐述了其所有细节，但除了计算往来账户利息的方法，其中没有任何实质上的新内容。

第三章　代数

一、总论

对于数字与数量的专门研究，其首个重要成果就是基础数学学科的兴起，它们可以追溯到最早的时期，其范围是逐渐扩大和完成的。第一阶段要追溯到阿拉伯时期，其贡献就是最终完全地解决了一元二次方程的求解，同时采用以几何学为主的方法，尝试发现了三次方程和四次方程的解法。

第二阶段包括从 8 世纪到 17 世纪中叶，数学学科在西方各国间发展的初期。热尔拜尔时代意味着该时期的开始，开普勒时代意味着该时期的结束。通过使用缩写的表达式构成公式，使得含有抽象数量的计算取得了实质性的简化。其中，最重要的成就在于借助根号得到三次方程式和四次方程式的纯代数解。

第三阶段始于莱布尼茨和牛顿，且从 17 世纪中叶一直延续到现在。这一时期的初期以及大部分时间里，人们通过寻找更高层次的分析方法，将新思路应用到分析领域，这一领域那时还未被完全探索。第三时期第一个时代末期，一些数学家致力于组合的研究，但他们未能达到莱布尼茨的思想高度。因此，欧拉和拉格朗日成为这一领域的领军人物。其中，欧拉以涉及数学各个分支的 700 多篇论文而领先。优秀的高斯，首先从牛顿和欧拉的著作中来为他的天才创作汲取营养，使得发展进入第三时期第二个时代。高斯发表了 50 多篇长篇著作和许多短篇著作，不仅涵盖数学学科，还涉及物理学和天文学，他在许多领域都有所研究。与此同时，这些新领域也得到了发展，阿贝尔、雅可比、柯西、狄利克雷、黎曼、维尔斯特拉斯等人已经在这些方面做出了杰出的贡献。

二、第一阶段　从最早的时期到阿拉伯时期

1. 普通算术

尽管早期人类描述数学知识的演变方式非常匮乏，但我们仍然发现，古埃及人试图使用符号表达其基本演变过程。在最早的数学纸草书中，我们发现，他们用一双沿着图中鸟类所望方向移动的腿，来作为加法符号。而减法符号由三个平行的水平箭头组成。等号符号是《。另外，计算结果表明，古埃及人能够计算一些简单的等差数列和

等比数列。古巴比伦人同样可以。他们认为，在新月和满月之间的
15 天中的前 5 天，发光的增加量（该满月可以分成 240 份）可以用
一个等比数列表示，之后的 10 天用一个等差数列表示。第一天、第
二天、第三天……第十五天分别得到的份数如下所示：

5	10	20	40	1. 20
1. 36	1. 52	2. 08	2. 24	2. 40
2. 56	3. 12	3. 28	3. 44	4

其采用的是六十进制计数法，所以 $3.28 = 3 \times 60 + 28 = 208$。另
外，在古巴比伦的泥板上还发现了六十进制计数法中的前 60 个正方
形和前 32 个立方体。

希腊宝藏中的财富远远不止这些，甚至整个数学学科的名称都
源自希腊语。在柏拉图时期，这个学科包括了所有需要科学指导的知
识。逍遥学派时期才将计算（逻辑）和算术、平面几何和立体几何、
天文学和音乐等纳入了数学学科的模式之中，因此，这个词有了特殊
的含义。特别是海伦时期这种逻辑被称为初等数学，而算术则是一门
关于数字理论的学科。

尽管并不缺乏纯粹的算术和代数思维方法，特别是后期，但希腊
算术和代数几乎总是披上了几何的外衣。亚里士多德常常用字母来
表示数量，即使这些数量不代表线段。他曾说过："如果 A 是移动的
力，B 是被移动的物体，符号是距离，$\triangle$ 是时间，等等。"在帕普斯
时期，已经使用大写字母计数，因此，他可以用字母来区分许多常见
的数量。亚里士多德用一个特殊的单词表示"连续"，并且定义"连

续量"。（小写字母 α，β，γ 代表数字 1，2，3…）丢番图相比其他任
何希腊作家都考虑得更为长远。他引入了已知量和未知量的表达式。
希波克拉底把数字的平方称为 $\delta\acute{\nu}\nu\alpha\mu\iota\varsigma$（幂），后来这个词被引入拉
丁语中，称为 potentia，并且赋予了特殊的数学含义。丢番图给前 6
个未知数的幂指定了专门的名称，并以缩写形式引入它们，因此 x^2，
x^3，x^4，x^5，x^6 即表示 $\delta^{\acute{\nu}}$，$\kappa^{\acute{\nu}}$，$\delta\delta^{\acute{\nu}}$，$\delta\kappa^{\acute{\nu}}$，$\kappa\kappa^{\acute{\nu}}$。已知数字的符号是
μ°。丢番图使用符号 $\Uparrow$（ψ 的倒置简写）表示减法，ι 是 $\acute{\iota}\sigma o\iota$ 的缩写，
表示等于。表达式的术语叫作 $\epsilon\acute{\iota}\delta o\varsigma$，这个词在拉丁语中以 species 的
形式出现，并形成算术术语 arithmeticaspeciosa = 代数。只要公式仅涉
及二次幂，则通常可以用文字形式描述，并且可以以几何的形式表
示。例如，欧几里得《几何原本》第二卷的前十个命题是用文字和
几何图形来阐述，同时相对应以下表达式：

$$a(b+c+d\cdots) = ab + ac + ad + \cdots,$$

$$(a+b)^2 = a^2 + 2ab + b^2 = (a+b)a + (a+b)b$$

在古希腊几何学也作为研究数论的一种手段。例如，在有关圭表
（gnomon-numbers）的说明中就可以看到这一点。在毕达哥拉斯学派
中，沿一个正方形的一角，切掉一个正方形后的形状，叫作圭表。欧
几里得还使用表达式来描述这种图形 ABCDEF，该图形 ABCDEF 是从
平行四边形 ABCB'中切除平行四边形 DB'FE 后获得的。毕达哥拉斯
的圭表数字是 $2n+1$；根据 $n^2 + 2n + 1 = (n+1)^2$，当 ABCB'是四方形
时，可知四方形 DE = n 加上四方形 BE = 1×1 和矩形 AE = CE = 1×n，
就等于正方形 BC = n+1。正如使用平面数和实数表示二维和三维空

间的大小，也可以通过几何方法将客观数学思想不断具体化。

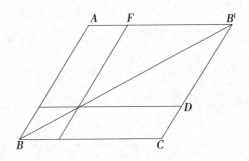

　　截至公元前 3 世纪，所有已知的数字，欧几里得（*Euclid*）都是
在简单的应用中理解的。在他的《几何原本》中，他提到了数量，
但没有解释这个概念，除了线、角、面和实数，他还用这个术语来理
解自然数。偶数和奇数的差别，素数和合数的差别，最小公倍数和最
大公因子的求法，有理直角三角形的构造，对柏拉图和毕达哥拉斯学
派来说，都是非常熟悉的。埃拉托色尼提出一种筛选质数的方法
（"筛选法"），即从 3 开始写下所有奇数，然后把 3、5、7 的倍数全
部剔除……丢番图表示，形如字母 $a^2 + 2ab + b^2$ 表示平方，形如字母
$(a^2 + b^2)\,(c^2 + d^2)$ 表示两个平方和，即：

$$(ac + bd)^2 + (ad - bc)^2 = (ac - bd)^2 + (ad + bc)^2 = (a^2 + b^2)(c^2 + d^2)。$$

　　希腊人对基本领域的知识是相当全面的。毕达哥拉斯学派
（Pythagreans）从偶数和奇数开始。自然数的和形成三角数，奇数的
和形成平方数，偶数的和形成矩形数（长方数），形式为 $n(n + l)$。
平方数也被认为是两个连续的三角形数的和。新毕达哥拉斯学派和
新柏拉图学派不仅研究了多边形数，还研究了金字塔数。欧几里得在

他的著作《几何原本》中论述了几何级数。他得到了数列 $1+2+4+8$……的和，并发现当这个数列的和是质数时，将它乘以该数列的最后一项就会得到一个"完全数"（$1+2+4=7$；$7 \times 4 = 28$；$28=1+2+4+7+14$）。在阿基米德（Archimedes）的著作中，无穷收敛级数经常以几何级数的形式出现，这些级数的比值为正分数；例如，在计算抛物线的面积时，其中级数 $1+\dfrac{1}{4}+\dfrac{1}{16}+\cdots\cdots$ 的值为 $\dfrac{4}{3}$。他还进行了一些无穷级数的计算，通过求无穷级数的和来估计面积和体积。在这种情况下，他的方法用现代综合方法来表示，其表达式如下所示：

$$\int_0^c x\,dx = \frac{1}{2}c^2, \quad \int_0^c x^2\,dx = \frac{1}{3}c^3$$

他对其他类似的表达方式的意义和本质都很熟悉。

无理数由毕达哥拉斯（Pythagreans）率先提出，因为他意识到等腰直角三角形的斜边和其他的边长是不可通约的。毕达哥拉斯学派的西奥多罗斯（Theodorus of Cyrene）证明了 3，5，7，…17 的平方根是无理数。

阿契塔[①]（Archytas）将数字分为有理数和无理数。欧几里得在他的《几何原本》一书中对无理数做了特别详尽的说明，这部著作既属于几何学范畴，又属于算术范畴。该著作共十三卷，其中第七卷、第八卷和第九卷是关于纯算术的内容，第十卷中有一个精心推导出来的"不可通约量"理论，即无理数，以及对几何比例的思考。

[①] 阿契塔，希腊数学家，毕达哥拉斯学派成员。

在这本著作的结尾，欧几里得以一种非常巧妙的方式说明，正方形的各边和它的对角线是不可通约的；最终的结论就是：在两个关系合理的数量里，其中一个数必须同时具备偶数和奇数的性质，例如，在测量圆时，阿基米德计算了许多平方根的近似值：

$$\frac{1351}{780} > \sqrt{3} > \frac{265}{153}$$

然而，关于他所使用的方法，目前还不是很清楚。海伦（Heron）也熟悉这种近似值（用 $\frac{7}{5}$ 代替 $\sqrt{2}$，用 $\frac{26}{15}$ 代替 $\sqrt{3}$），尽管他并不畏惧获得平方根的近似值，但在大多数情况下，他满足于众所周知的近似值 $\sqrt{a^2 \pm b} = a \pm \frac{b}{2a}$，例如 $\sqrt{63} = \sqrt{8^2 - 1} = 8 - \frac{1}{16}$。如果需要更精确地计算，海伦使用的公式是 $\sqrt{a^2 + b} = a + \frac{1}{x} + \frac{1}{y} + \frac{1}{z} + \cdots\cdots$，顺便提一下，他使用了恒等式 $\sqrt{a^2 b} = a\sqrt{b}$，并确定它们相等，例如，$\sqrt{108} = \sqrt{6^2 \cdot 3} = 6\sqrt{3} = 6 \cdot \frac{26}{15} = 10 + \frac{1}{3} + \frac{1}{15}$。此外，我们在海伦的著作《测体积法》（Stereometrica）中发现了负数的平方根的第一个例子，即 $\sqrt{81 - 144}$，然而，在没有进一步研究的情况下，将其简记为 8 减去 $\frac{1}{16}$，这表明负数对希腊人来说是未知的。的确如此，丢番图（Dio-phantus）仅仅对那些被减数大于减数的数使用了误差。通过席恩（Theon），我们知道了另一种求平方根的方法，它与目前使用的方法一样，只是使用了巴比伦的六十进制分数，使用六十进制分数是在引进十进制分数之前的惯例。

此外，我们在亚里士多德（Aristotle）的组合理论中找到了线索，在阿基米德的著作中，首先是在他对数字系统的扩展中，然后是在他的著作《数沙者》中，我们找到了表示任何大数目的计算法。阿基米德将十进制系统的前八阶排列成八个，10^8 构成一个周期，然后这些周期按照同样的规律重新排列。在《数沙者》中，阿基米德解决了估计一个包含整个宇宙的球体中的沙粒数目的问题。他假设 1 万粒沙粒占了一颗罂粟种子的空间，他发现所有沙粒的总和为他的系统中 1 万个第 8 周期单位数，或者表示为 10^{63}。阿基米德在这些观察中，很可能是想创造出一个与他在级数和中出现的无穷小量相对应的量，但这个对应量是无法通过普通算术得到的。

在我们熟悉的罗马测量员（agrimensores）著作的片段中，与多边形和金字塔数字有关的算术很少。显然，它们起源于希腊，部分错误内容证明了罗马人对这类事情并没有充分地理解。

印度数学家在算术方面的著作极其丰富。它们的符号在早期相当发达。阿雅巴塔（Aryabhatta）称这个未知数为 *gulika*（小球），后来称为 yavattavat，或缩写为 ya（多达）。已知量称为 rupaka 或 ru（硬币）。如果要把一个量加到另一个量上，则把它写在要加的数后面，不加任何符号。减法也是同样的方法，只是在减数系数上加一个点，这样就可以区分出正的（dhana，资产）和负的（kshaya，负债）。数字的幂也有特殊的名称。二次幂是 varga 或 va，三次幂是 ghana 或 gha，四次幂是 vava，五次幂是 vaghaghata，六次幂是 va gha，七次幂是 va gha ghata（ghata 表示加法）。无理数的平方根叫作 karana 或 ka。在印度教徒的宗教书籍（Culvasutras）中，除了包含某些算术和几何推论，还有 karana 和数字；*dvikarani* = $\sqrt{2}$，*trikarani* = $\sqrt{3}$，*daçakarani* = $\sqrt{10}$。如果要区分几个未知量，第一个叫作 ya；其他的以颜色命名：kalaka 或 ka（黑色），nilaka 或 ni（蓝色），pitaka 或 pi（黄色）；例如，yakabha 表示数量 $x \cdot y$，因为 bhavita 或 bha 表示乘法。"相等"也有一个词，但只是作为一个规则，并不使用它，因为仅仅把一个数字放在另一个数字下面就表示它们相等。

在把数字的范围扩大到负数方面，印度人当然是成功的。他们在计算中使用负数，并把它们作为方程的根，但从来不把它们当作正确的解。巴斯卡拉（Bhaskara）甚至意识到平方根可以是正的，也可以是负的，而且对于普通的数字系统来说，$\sqrt{-a}$ 的根是不存在的。他称："正数的平方和负数的平方都是正数，正数的平方根有两个，一个正数一个负数。负数可能没有平方根。"

印度人的基本运算共有六项，包括升幂和开根。在开平方根和立方根时，阿雅巴塔使用了公式 $(a+b)^2$ 和 $(a+b)^3$，而且他意识到将数字分成以两个和三个数字为周期的好处。阿雅巴塔将平方根称为 vargamula，立方根称为 ghanamula（mula，root，也用于植物）。他还知道平方根的表达式的变换。巴斯卡拉应用了如下这个公式：

$$\sqrt{a+\sqrt{b}} = \sqrt{\frac{1}{2}(a+\sqrt{a^2-b})} + \sqrt{\frac{1}{2}(a-\sqrt{a^2-b})}$$

将分母中带平方根的分数转化为有理数分母的形式。在某些情况下，求平方根的近似方法与希腊人的近似方法非常相似。

移项问题在希腊出现得并不多，却引起了印度人的极大关注。巴斯卡拉利用有重复和无重复的排列和组合公式，他熟悉许多数论的命题，这些命题涉及二次余数、三次余数及有理直角三角形。但值得注意的是，我们在印度人中没有发现任何完全数、友好数、缺陷数或冗余数。一些希腊学派精心研究图形数，得到的结果同样是进展不大。相反，我们在阿雅巴塔、布拉马古塔（Brahmagupta）和巴斯卡拉的数列中发现 $1^2+2^2+3^2+\cdots$，$1^3+2^3+3^3+\cdots$。几何数列也出现在巴斯卡拉的著作中。关于 0 的计算，巴斯卡拉认为 $\frac{a}{0}=\infty$。

中国人也在他们的文献中记载了一些算术研究的内容，例如，前八次幂的二项式系数是朱世杰（Chushikih）在 1303 年作为"老方法"提出的。阿拉伯人有更多的研究。在这里，我们首先从花拉子米开始讨论，他的代数，可能被巴斯的厄兰哈德（Ethelhard）翻译成了拉丁语，其开头就是"花拉子米（Al Khowarazmi）说过"。在拉丁语的翻译中，这个名字是"Algoritmi"，现在是"algorism"或"algorithm"，现在这个词完全脱离了对花拉子米的所有记忆，多用于常用的计算方法，并根据一定的规则进行计算。在 16 世纪初，在一本数学著作中出现了一个"哲学名词算法"，这充分证明了作者知道阿拉伯数字系统的真正含义。但是在这之后，所有关于这个事实的信息似乎都消失了，直到我们这个世纪，雷诺（Reinaud）和邦康帕尼（Boncomagni）才重新发现了它。

花拉子米通过研究希腊和印度的方法增加了他的知识。他称一个数为已知量，jidr（根）及其平方 mal（幂）称为未知量。在凯尔黑（Al Karkhi）那里，我们找到了由三次方的表达式 kab（立方），由这些表达式形成 $mal\ mal = x^4$，$mal\ kab = x^5$，$kab\ kab = x^6$，$mal\ mal\ kab = x^7$，等等。他也用平方根来处理简单的表达式，但没有得出印度人那样的结果。奥马尔·海亚姆（OmarKhayyam）有一段话，从这段话可以推断，根的提取总是借助于公式 $(a+b)^n$ 来完成的。卡尔萨迪（Al Kalsadi）使用根号做出了一些新的研究。他没有按照惯例将 jidr 放在要提取平方根的数字之前，而是仅使用这个单词的首字母 ؎，并将其放在数字之上，如下所示：

$$\overset{؎}{2} = \sqrt{2}, \qquad \frac{1}{2}\overset{؎}{2} = \sqrt{2\frac{1}{2}}, \qquad \overset{\overset{2}{؎}}{5} = 2\sqrt{5}$$

在东阿拉伯，研究数论的数学家们主要致力于发现有理直角三角形，以及寻找一个正方形，使得这个正方形如果增加或减少一个给定的数字，仍然是一个正方形。例如，一位匿名作家提出了二次余数理论的一部分，科贾迪（AlKhojandi）也证明了一个命题，即在有理数的前提下，两个立方数的和不可能是另一个数的立方。还有一些关于立方余数的知识，这从阿维森纳（Avicenna）在方幂的公式中频繁地使用了数字 9 来证明的运算中可以看到。这位数学家提出的命题可以用如下形式简单地表示出来：

$$(9n \pm 1)^2 \equiv 1 \ (\mathrm{mod}\,9), \quad (9n \pm 2)^2 \equiv 4 \ (\mathrm{mod}\,9),$$

$$(9n + 1)^3 \equiv (9n + 4)^3 \equiv (9n + 7)^3 \equiv 1 \ (\mathrm{mod}\,9), \cdots\cdots$$

伊本·班纳（Ibn al Banna）也有类似的推论，这些推论构成了证明数字八和七的基础。

在数列领域，阿拉伯人至少熟悉算术和几何级数，也熟悉平方和立方的数列。在这方面，希腊的影响是显而易见的。

2. 代数

阿默士的著作表明，埃及人掌握了一次方程，并在他们的解决方法中系统地选择使用。未知的 x 被称为 hau（heap），方程的表现形式如下所示：x，它的 $\frac{2}{3}$，$\frac{1}{2}$，$\frac{1}{7}$，它本身，其和为 37，也就是 $\frac{2}{3}x +$

$\frac{1}{2}x + \frac{1}{7}x + x = 37$。

古希腊人只熟悉用几何的方式求方程式的解。除了比例，我们在任何地方都找不到已发展出来的一次方程的例子，这些例子充分表明，线性方程的根是由两条直线的交点决定的；但有许多二次和三次方程的例子。在符号方面，丢番图做了很大的改进。他把未知数的系数叫作 $\pi\lambda\hat{\eta}\theta os$。如果有几个未知数需要区分，他就使用序号 $\acute{o}~\pi\rho\hat{\omega}\tau os~\acute{a}\rho\iota\theta\mu\acute{o}s$，$\acute{o}~\delta\acute{\epsilon}\acute{v}\tau\epsilon\rho os$，$\acute{o}~\tau\rho\acute{\iota}\tau os$。在他的著作中出现了一个方程式的缩写形式：

$$\kappa^{\hat{v}}\beta\delta^{\hat{v}}\overline{a}~\breve{\iota}\sigma\eta~ss^{o\hat{\iota}s}\overline{\epsilon}~\mathring{o}\pitimes~\mu\mathring{o}\overline{\iota\beta},~即~2x^3 + x^2 = 4x - 12$$

丢番图不是根据方程的次数来分类，而是根据本质上不同的项的数目来分类。因此，他对如何将方程简化成最简单的形式提出了明确的规则，即方程的两个元素都只有正项。在阿基米德和海伦的著作中可

以找到解决一次方程的实际问题的方法。海伦提出了一些所谓的
"喷泉问题"，使人想起阿默士著作中的某些段落。二次方程大多以
比例的形式出现，希腊人熟知这种几何代数领域的运算方法。毫无疑
问，他们懂得如何用几何图形表示这种方程：

$$\frac{a'}{a''}x = b,\ \frac{a'}{a''}x + \frac{b'}{b''}y + \cdots = m$$

所有的量都是线性的。每次都用两个相等的比例进行计算，也就是按
比例计算，实际上就是一个方程的解。毕达哥拉斯学派熟悉两个量的
算术、几何以及调和平均数。也就是说，他们能够用几何方法解出这
些方程。

$$x = \frac{a+b}{2},\ x^2 = ab,\ x = \frac{2ab}{a+b}$$

　　根据尼各马可（Nicomachus）的说法，菲洛劳斯（Philolaus）把
立方体的六个面、八个角和十二个边称为几何均等，因为它在各个方
向上的测量值均相等，从这一事实出发，推导出"均等数值"和
"均等比例"两项，其关系为：

$$\frac{12-8}{8-6} = \frac{12}{6},\ \text{因此}\ 8 = \frac{2 \cdot 6 \cdot 12}{6+12},\ \text{即}\ x = \frac{2ab}{a+b}$$

不同比例的数目后来增加到十个，但没有从本质上获得任何新的东
西。欧几里得彻底分析了比例，即用几何的方法求解一次方程和不完
全二次方程，但这并不是他一个人的劳动成果，还有欧多克索斯
（Eudoxus）的劳动成果。

　　应用面积的几何方法求解二次方程，是古人，尤其是欧几里得广

泛采用的方法，值得特别注意。

为了求解方程

$$x^2 + ax = b^2$$

根据欧几里得的方法，问题必须首先用以下形式表示：

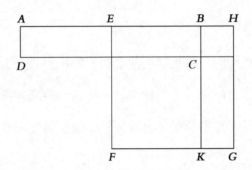

"AB 线段的长度为 a，已知矩形 DH 的面积为 b^2，这样图形 CH 就是正方形。"数字表明 $CK = \dfrac{a}{2}$，$FH = x^2 + 2x \cdot \dfrac{a}{2} + \left(\dfrac{a}{2}\right)^2 = b^2 + \left(\dfrac{a}{2}\right)^2$，但是根据毕达哥拉斯（Pythagorean）定理，$b^2 + \left(\dfrac{a}{2}\right)^2 = c^2$，因此 $EH = c = \dfrac{a}{2} + x$，由此可以得出 $x = c - \dfrac{a}{2}$。根据面积得到方程的解，在这种情况下，平方根总被认为是正的，因此，它只不过是数值 $x = -\dfrac{a}{2} + \sqrt{b^2 + \left(\dfrac{a}{2}\right)^2} = c - \dfrac{a}{2}$ 的一种构造性表示。欧几里得以同样的方式解出了如下方程式的解：

$$x^2 \pm ax \pm b^2 = 0$$

他顺便提到，根据我们的符号，当 $\sqrt{b^2 - \left(\dfrac{a}{2}\right)^2}$ 出现时，有解的条件

是 $b > \dfrac{a}{2}$。虽然没有考虑负数的情况，但是我们有理由推断，在两个

正数解的情况下，希腊人同时考虑了这两个解，而且他们还将自己的

解法应用于带有系数的二次方程。运用他们的比例知识，不仅能解出

$x^2 \pm ax \pm b = 0$，还能解出一般形式的方程：

$$ax^2 \pm ax \pm b^2 = 0$$

其中 a 是两条线段的比率。阿波罗尼奥斯（Apollonius）借助圆锥曲

线得到了方程

$$y^2 = px \mp \dfrac{p}{a}x^2$$

因此，希腊人能够解出任何一个具有两个完全不同系数的二次方程，

这些系数也可能包含数值量，并以几何形式表示它们的正根。

首先以几何的形式表述二次方程的三种主要形式，并完全得到

解决，它们分别是

$$x^2 = px = q, \ \ x^2 = px + q, \ \ px = x^2 + q$$

解决办法在于应用几何面积，将一条给定的线应用于一个矩形，

使其包含一个给定的面积，或者比这个给定的面积大或小的一个常

数。在这三种情况下，出现了技术用语 $\pi\alpha\rho\alpha\beta o\lambda\acute{\eta}$，$\dot{\upsilon}\pi\epsilon\rho\beta o\lambda\acute{\eta}$，

$\ddot{\epsilon}\lambda\lambda\epsilon\iota\psi\iota\varsigma$，这在阿基米德后来提出的圆锥曲线中有涉及。

后来，在海伦和丢番图的帮助下，部分二次方程的解从几何表示

中解放出来，转化为恰当的算术计算的形式（而不考虑平方根中的

第二个符号）。

由于三次方程对几何问题的依赖性，它在希腊人中起了重要作

用。倍立方（以及乘法）问题得到了特别的关注。这个问题只需解

$a: x = x: y = y: 2a$ 的连续比例，即方程 $x^3 = 2a^3$（通常写为 $x^3 = \dfrac{m}{n}a^3$），

这个问题非常古老，希腊的顶尖数学家认为它是一个特别重要的问题。关于这一点，我们可以找到证据，欧里庇得斯（Euripides）使米诺斯国王在谈到即将重建的格劳科斯墓时说："这个围场太小了，容不下一座皇家之墓，把它加倍，但不是立方体的形状。"希波克拉底（Hippocrates）、柏拉图（Plato）、梅纳埃克马斯（Menaechmus）、阿契塔（Archytas）等人得到方程 $x^3 = 2a^3$ 的许多解都遵循几何形式，而且随着时间的推移，方程得到了相当大的扩展，阿基米德在研究球体截面时借助两条二次线的交点求解了形如 $x^3 - ax^2 + b^2c = 0$ 的方程，同时研究了在 0 和 a 之间不存在根、存在两个根、存在三个根时需要满足的条件。阿基米德获得 $x^3 - ax^2 + b^2c = 0$ 的根的约化方法，可以相当容易地应用于三次方程的所有形式，因此，毫无疑问，用综合方法设立这些方程，并用几何的方法解决一组方程要归功于希腊人。

我们在阿基米德群牛问题（*Problema bovinum*）中找到了不定方程的第一个踪迹。

这个问题是莱辛（Lessing）在 1773 年发表的，出自沃尔芬比特图书馆的一本法典，是四本未印刷的希腊文集中的第一本，共有二十二部分，它很可能起源于阿基米德。阿基米德想用这个例子说明，如何从简单的数值开始，通过一些相互影响的条件很容易地得到很大的数。其示例如下：

太阳神有一群不同颜色的公牛和母牛，（1）公牛：白牛数（W）等于黑牛数（X）再加上黄牛数（Y）的（$\frac{1}{3}+\frac{1}{2}$）；黑牛数（X）为花牛数（Z）的（$\frac{1}{4}+\frac{1}{5}$），再加上全部黄公牛（Y）；花牛数（Z）是白牛（W）的（$\frac{1}{6}+\frac{1}{7}$），再加上全部的黄牛数（Y）。（2）有着相同颜色的母牛（w，x，y，z），$w=\left(\frac{1}{3}+\frac{1}{4}\right)(X+x)$，$x=\left(\frac{1}{4}+\frac{1}{5}\right)(Z+z)$，$z=\left(\frac{1}{5}+\frac{1}{6}\right)(Y+y)$，$y=\left(\frac{1}{6}+\frac{1}{7}\right)(W+w)$，$W+X$是个平方数，$Y+Z$是个立方数。

这个问题是包含有 10 个未知数的 9 个方程：

$$W=\left(\frac{1}{2}+\frac{1}{3}\right)X+Y \qquad X=\left(\frac{1}{4}+\frac{1}{5}\right)Z+Y$$

$$Z=\left(\frac{1}{6}+\frac{1}{7}\right)W+Y \qquad w=\left(\frac{1}{3}+\frac{1}{4}\right)(X+x)$$

$$x=\left(\frac{1}{4}+\frac{1}{5}\right)(Z+z) \qquad z=\left(\frac{1}{5}+\frac{1}{6}\right)(Y+y)$$

$$y=\left(\frac{1}{6}+\frac{1}{7}\right)(W+w) \qquad W+X=n^2$$

$$Y+Z=\frac{m^2+m}{2}$$

根据阿姆托尔（Amthor）的说法，设 $u\equiv0\ (\mathrm{mod}.\ 2\cdot4657)$，这个方程的解可以由佩尔（Pell）方程 $t^2-2\cdot3\cdot7\cdot11\cdot29\cdot353\ u^2=1$ 得到，并且这个过程会产生一个周期为 91 的连分数。如果我们忽略最

后两个条件，我们得到的牛的总数是 5916837175686，这个结果比用阿基米德的沙子推算法得到的结果要小得多。

丢番图的名字与这类方程组的联系相当密切。他尽量不通过整数，而仅仅是 $\frac{p}{q}$ 通过形式的有理数（总是排除负数）来满足他的不定方程——其中 p 和 q 必须是正整数。显然，丢番图并非按照一般方法去研究这一领域，而是巧妙地追寻特殊情形。至少那些我们所熟悉的不定一次方程和不定二次方程的解是不容许有其他推论的。丢番图似乎没有受到诸如海伦和海普赛克尔斯（Hypsicles）等早期作品的影响，因此，我们可以假定，在基督教时代之前，就存在一种不定分析，丢番图的研究就是建立在这种不定分析的基础上。

印度代数在很多方面让我们想起了丢番图和海伦的研究。和丢番图的情况一样，负根不能作方程的解，而是被有意识地放在一边，这标志着丢番图的进步。方程的变换、含有同幂次未知数的项的合并，也在丢番图的著作中出现过。下面是巴斯卡拉（Bhaskara）提出的一个方程式：

va va 2	va 1	ru 30
va va 0	va 0	Ru 8

即 $2x^2 - x + 30 = 0x^2 + 0x + 8$，或者 $2x^2 - x + 30 = 8$。

一次方程不仅有一个，而且有几个未知数。印度处理二次方程的方法有一定的进步。首先，$ax^2 + bx = c$ 被认为是唯一的类型，而不像希腊有三种形式，$ax^2 + bx = c$，$bx + c = ax^2$，$ax^2 + c = bx$，由此可以很容易地推导出 $(2ax + b)^2 = 4ac + b^2$，然后得出：

$$x = \frac{-b + \sqrt{4ac + b^2}}{2a}$$

巴斯卡拉做了进一步的研究，他考虑平方根的两个符号，他也知道什么时候不能提取平方根。然而，只有当根的两个值都为正数时，他才承认根的两个值为方程的解，这显然是因为他的二次方程只与几何形式的实际问题有关。通过恰当地变换和引入辅助量，可以将方程简化为二次方程，则巴斯卡拉也可以解出三次方程和四次方程。

印度人的不定分析尤其突出。和丢番图不同的是，他们只承认正整数解。含两个或两个以上未知数的不定一次方程已由阿雅巴塔（Aryabhatta）解过，之后又由巴斯卡拉解过，所用的方法都是用欧几里得算法求出最大公约数，所以解法至少在其基本原理上与连分式方法一致。不定二次方程，例如方程 $xy = ax + by + c$，通过给 y 一个任意值，然后求出 x 的解，或者应用几何面积、循环求解。这种循环求解的方法不一定能得到所要求的结果，但可以通过巧妙地选择辅助量，解出整数值。首先是解方程 $ax^2 + 1 = y^2$，而不是方程 $ax^2 + b = cy^2$。这是通过经验假设的方程 $aA^2 + B = C^2$ 来实现的，从这个方程中，可以通过不定一次方程的解来推导出其他形式的方程 $aA_N^2 + B_n = C_n^2$。通过巧妙地组合，通过方程 $aA_N^2 + B_n = C_n^2$ 可以得到方程 $ax^2 + 1 = y^2$ 的解。

中国的代数学，至少在最早的时期，与希腊的代数学有共同点，即二次方程是用几何方法求解的。后来，似乎已经研究出一种确定高次代数方程的根的近似方法。对于不定一次方程的求解，中国人提出了一种独特的方法。它被称为"大扩张",被认为是公元 3 世纪的孙策发现的。这个方法可以用下面的例子来简单地描述:求一个数字 x,使得 x 被 7、11、15 整除时,分别得到余数 2、5、7。设有 k_1,k_2,k_3,得到

$$\frac{11 \cdot 15 \cdot k_1}{7} = q_1 + \frac{1}{7}, \quad \frac{15 \cdot 7 \cdot k_2}{11} = q_2 + \frac{1}{11}, \quad \frac{7 \cdot 11 \cdot k_3}{15} = q_3 + \frac{1}{15};$$

如果有 $k_1 = 1$,$k_2 = 2$,$k_8 = 8$,进一步得到

$$11 \cdot 15 \cdot 2 = 330, \qquad\qquad 330 \cdot 2 = 660,$$

$$15 \cdot 7 \cdot 2 = 210, \qquad\qquad 210 \cdot 5 = 1050,$$

$$7 \cdot 11 \cdot 8 = 616, \qquad\qquad 616 \cdot 7 = 4312,$$

$$660 + 1050 + 4312 = 6022; \quad \frac{6022}{7 \cdot 11 \cdot 15} = 5 + \frac{247}{7 \cdot 11 \cdot 15}$$

$x = 247$ 就是这个方程的一个解。

中国人在写方程式时,很少像印度人那样使用等号。正系数用红色表示,负系数用黑色表示。一般来说,*täe* 放在方程的绝对值项旁边,*yuen* 放在一次方系数旁边,其余的可以从 $14x^3 - 27x = 17$ 的例子中推断出来,其中 *r* 和 *b* 表示系数的颜色:

$_r14$	*r*	$_r14$	*or*	$_r14$
$_r00$		$_r00$		$_r00$
$_b27\,yuen$		$_b27$		$_b27\,yuen$
$_r17\,täe$		$_r17\,täe$		$_r17$

阿拉伯人从印度人和希腊人那里汲取知识。他们利用印度和希腊前辈的方法,并加以改进,特别是在计算方法方面。在花拉子米的

著作中，我们可以找到"代数学"一词的起源，他的题目中包含
"*al-jabr wa'l muqabalah*"，即与方程的科学。这个表达式表示阿拉伯
人在方程式的排列中使用的两个主要步骤，从方程 $x^3 + r = x^2 + px + r$
可以得出一个新的方程 $x^3 = x^2 + px$，这被称为代数学；从方程 $px - q =$
x^2 可以得出方程 $px = x^2 + q$，这种转化在古人看来是十分重要的，被
称为"代数"，而且这个名字还被扩展到通常用方程处理的科学
领域。

早期的阿拉伯人用文字写出他们的方程式，比如，花拉子米写道
（在拉丁语翻译中）

Census et quinque radices equantur viginti quatuor

$$x^2 + 5x = 24$$

以及奥马尔·海亚姆（Omar Khayyam），

Cubus，latera et numerus aequales sunt quadratis

$$x^3 + bx + c = ax^2$$

后来在阿拉伯出现了相当广泛的记法。这种记法在西阿拉伯取
得了最显著的进步。未知的 x 为 *jidr*，它的平方为 *mal*；用这些单词
的首字母表示缩写：$x = $ ش，$x^2 = $ ـ。连续写表示相加，减法用特殊
的符号表示。"Equals"由 *adala*（等式）的最后一个字母表示，即用
lam 表示。卡尔萨迪（Al Kalsadi）将 $3x^2 = 12x + 63$ 和 $\frac{1}{2}x^2 + x = 7\frac{1}{2}$

分别表示为：

比例 $7:12 = 84:x$ 表示为 ᠄᠄·84·᠄·12·᠄·7。

丢番图根据方程的项数，而不是次数对方程进行了分类。我们发现，这种分类在阿拉伯已经完全形成。根据这一规则，花拉子米将一次和二次方程分成以下六组：

$x^2 = ax$（平方等于根）

$x^2 = a$（平方等于常数）

$ax = b$，$x^2 + ax = b$，$x^2 + a = bx$，$ax + b = x^2$（根与常数的和等于平方）

阿拉伯人知道如何用四种不同的方法解一次方程，其中只有一种方法特别有趣，因为在现代代数中，它已经被发展成为求高次方程的近似值的方法。这种求解的方法起源于印度，在伊本·巴纳（Ibn al Banna）和卡尔萨迪的著作中尤其常见，在他们的著作里被称为比例尺法，在拉丁文中翻译为 regulafalsorum 和 regulafalsi。为了说明这一点，对于方程 $ax + b = 0$，设 z_1 和 z_2 为任意数字，如果我们令 $az_1 + b = y_1$，$az_2 + b = y_2$，则可得到 $x = x = \dfrac{z_2 y_1 - z_1 y_2}{y_1 - y_2}$。伊本·巴纳使用下图来计算 x 的值：

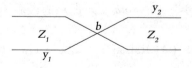

以 y 为负数的几何表示形式有点类似于一对比例，如下所示：

$OB_1 = z_1$，$OB_2 = z_2$，$B_1 C_1 = y_1$，$B_2 C_2 = y_2$，$OA = X$

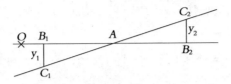

由此得到结果

$$\frac{X - Z_1}{X - Z_2} = \frac{y_1}{y_2}$$

也就是说，变量替换中的误差与结果中的误差之比相同，这种方法显然是通过几何图形发现的。

对于二次方程，花拉子米首先给出了一个纯力学的解（负根能够被识别但不被承认），然后用一个几何图形证明。他还对解的个数进行了研究。对方程 $x^2 + c = bx$，花拉子米从 $x = \dfrac{b}{2} \pm \sqrt{\left(\dfrac{b}{2}\right)^2 - c}$ 中，

依据 $\left(\dfrac{b}{2}\right)^2 > c$，$\left(\dfrac{b}{2}\right)^2 = c$，$\left(\dfrac{b}{2}\right)^2 = < c$，得到了两个解，一个解和没有解。他提出了证明方程的解是否正确的几何证明，例如 $x^2 + 2x = 15$，他用两种方法得出 $x = 3$，一种是用完全对称的图形，另一种是用圭表。

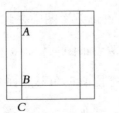
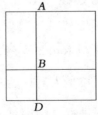

在第一种情况下，因 $AB = x$，$BC = \dfrac{1}{2}$，$BD = 1$，我们可以得出 $x^2 + 4 \cdot$

$\dfrac{1}{2} \cdot x + 4 \cdot (\dfrac{1}{2})^2 = 15 + 1$，$(x+1)^2 = 16$，在第二种情况下，我们可以得出 $x^2 + 2 \cdot 1 \cdot x + 1^2 = 15 + 1$。在处理形如 $ax^{2n} \pm bx^n \pm c = 0$ 的方程时，卡尔萨迪使二次方程的理论得到了进一步发展。

在希腊的几何或立体测量问题中，它们向阿拉伯人展示了高于二次方程的方程式，这些方程式用算术的方法并没有得到解决，而是借助于圆锥曲线用几何方法得到解决。在这里，奥马尔·海亚姆用几何方法非常系统地解决了以下三次方程式：

$$r = x^3, \quad x^3 \pm px^2 = qx, \quad x^3 + r = qx, \quad x^3 \pm px^2 \pm qx = r,$$

$$qx = x^3, \quad x^3 + qx = px^2, \quad x^3 \pm px^2 = r, \quad x^3 \pm px^2 + r = qx,$$

$$px^2 = x^3, \quad x^3 \pm qx = r, \quad x^3 + r = px^2, \quad x^3 \pm px^2 = qx + r$$

以下是他在这些例子中所使用的表示方法：

"一个立方数和一个平方数等于根；"

"一个立方数等于根、平方数和一个数，"

表示为方程 $x^3 + px^2 = qx$，$x^3 = px^2 + qx + r$。奥马尔称所有二项式形式为简单方程；称三项式和四项式的形式为复合方程。一旦方程达到四次，即使使用几何方法，他也无法解出结果。

阿拉伯人的不定分析可以追溯到丢番图。在解一次和二次不定方程时，凯尔黑（Al Karkhi）就像丢番图一样，提出了整数和分数，只排除无理数。阿拉伯人对毕达哥拉斯三角形的许多命题都很熟悉，但没有对这一领域进行过彻底系统的研究。

三、第二阶段 到 17 世纪中期

从 8 世纪到 12 世纪，西方人对科学人才的培养几乎完全局限于修道院，而且没有一般数论的任何进展的证据。就像 5 世纪末博学的罗马世界一样，现在人们承认了七门人文科学：三部曲，包括语法、修辞学和辩证法；四部曲，包括算术、几何、音乐和天文学。由于阿拉伯人的影响，部分是直接影响，部分是通过文字影响，意大利随后出现了数学活动的黄金时代，后来法国和德国也出现了数学活动的黄金时代，其影响在当时的所有文学作品中表现得都非常突出。因此，但丁在《神曲》第四章中提到了这些人物：欧几里得、托勒密（Ptolemy）、希波克拉底（Hippocrates）和阿维森纳（Avicenna）。

"带着尊贵和权威，他们的视线在港口缓慢地移动着。"
还涌现出了一些著名的修道院、大教堂和分会学校，以及比较罕见的独立于这些学校之外的第一批大学，如巴黎大学、牛津大学、博洛尼亚大学和剑桥大学，在 12 世纪，这些大学将不同的院系联系在一起，从 13 世纪初开始，这些大学就成了著名的"学习场所"。之后，德国也建立了大学（布拉格，1348 年；维也纳，1365 年；海德堡，1386 年；科隆，1388 年；爱尔福特，1392 年；莱比锡，1409 年；罗斯托克，1419 年；格赖夫斯瓦尔德，1456 年；巴塞尔，1459 年；英戈尔施塔特，1472 年；Tübingen 和美因茨，1477 年）。在这里，很长一段时间里，数学教学仅仅是哲学研究的附属物而已。我们必须把约翰·冯·格蒙登（Johannvon Gmunden）看作德国大学里第一位专心致力于数学系的教授。从 1420 年起，他在维也纳只讲授数学分支的内容，而不再讲授哲学——这在当时是普遍的。

1. 普通算术

就连斐波那契也使用文字来表达数学规则，或者用线段来表示。另外，我们发现卢卡·帕乔利在算术创造方面远不如他的前辈，他使用缩写 .p. , .m. , R. 代表加、减和根。早在 1484 年，也就是在帕科利（Pacioli）之前的十年，尼古拉斯·丘奎特（Nicolas Chuquet）就在奥雷姆（Oresme）研究的基础上写了一部著作，其中不仅出现了 $\bar{p}$ 和 $\tilde{m}$（代表加和减），还出现了像 $R^4.10$、$R^2.17$（代表 $4\sqrt{10}$，$\sqrt{17}$）的表示形式。

他还使用了笛卡儿指数表示法，以及 equipolence、equipolent 表示等价和等价物。

独特的符号运算是在德国发展起来的。在德国的普通算术和代数中，加号 + 和减号 − 都是有特征的。当意大利学校还在写 $\bar{p}$ 和 $\tilde{m}$ 的时候，德国就已经广泛使用加减符号了。这些符号最早出现在维也纳图书馆的一份手稿（Regula Cosevel Algebre）中，它可以追溯到 15 世纪中叶。在 17 世纪初，雷默斯（Reymers）和福尔哈伯（Faulaber）使用符号 $\div$，彼得罗斯（Peter Roth）使用 $\div\div$ 作为减号。

在 13 世纪和 14 世纪，意大利人效仿阿拉伯人，将算术运算的过程全部用文字表达出来。尽管如此，缩略语还是逐渐被引进，卢卡·帕科利也熟悉这些缩略语，用以表达未知数的前二十九次幂。在他的论文中，绝对值和 x，x^2，x^3，x^4，x^5，x^6，……分别表示为 *numero* 或者 n^0，*cosa* 或 *co*，*censo* 或 *ce*，*cubo* 或 *cu*，*censodecenso* 或 *ce. ce*，*primorelato* 或 $p.^0r^0$，*censodecuba* 或 *ce. cu*……

德国人使用他们自己发明的符号。鲁道夫和里斯（Riese）用下面的方式来表示绝对值和未知数的幂：Dragma，书面上缩写为 Φ；基数（或方程的根），用一个略显夸张的类似于 r 的符号表示；*zensus* 用3表示；*cubus* 用顶部带有一个长长的 l 的 c 来表示（在本书后文中只用 c 表示），*zensus de zensu*（感觉存在）用33表示，*sursolidum* 用 β 或ß表示；*zensikubus* 用3c 表示；*bissursolidum* 用biß或ßß表示；*zensus zensui de zensu*（*zens–zensdezens*）用333表示；*cubusdecubo* 用 cc 表示。

关于 x 的数学起源有两种观点。根据第一个观点，它一开始是一个 r（基数），写得很夸张，逐渐演变成了 x，而它最初的意思被遗忘了，所以在施蒂费尔之后的半个世纪，所有的数学家都把它读作 x。另一种解释取决于这样一个事实，即在西班牙习惯上用拉丁语 x 来表示阿拉伯语 s，在这里，整个句子和单词都存在问题；比如 $12x$ 这个数，在阿拉伯， ش$_{12}$ 用 $12xai$ 来代替，更确切地说是 $12sai.$。根据这个观点，数学家的 x 是阿拉伯的 $sai = xai$ 的缩写，表示未知数。

根据那些年老的数学家的说法，这些缩写被引入，但没有任何解释，不过施蒂费尔认为，有必要给他的读者恰当的解释。"根"这个单词表示未知数的一次幂，他通过等比数列解释为，"因为这个数列中所有的元素都是从一次幂开始，从根开始发展的"。他将 x^0，x^1，

x^2, x^3, x^4, ……表示为 $1x$, $1\mathfrak{z}$, $1c$, $1\mathfrak{z\mathfrak{z}}$, ……，并称这些数为余弦数，它们可以一直延续到无穷大，而每个数都有一个确定的序号，即指数。在德文版的鲁道夫的书中，施蒂费尔一开始用前面提到的方式将这些数写到了 17 次幂，后来又写成如下的形式：

$$\begin{matrix} 0 & 1 & 2 & 3 & 4 \\ 1 & . 1\mathfrak{A}. & 1\mathfrak{A}\mathfrak{A}. & 1\mathfrak{A}\mathfrak{A}\mathfrak{A}. & 1\mathfrak{A}\mathfrak{A}\mathfrak{A}\mathfrak{A}. & \text{etc.} \cdots \cdots \end{matrix}$$

他写这个表达式时用到了字母 $\mathfrak{B}$ 和 $\mathfrak{C}$。在比尔吉和雷默斯（Reymers）的作品中发现了最接近我们现在使用的符号，其中借助于"指数"或"特征"的多项式 $8x^6 + 12x^5 - 9x^4 + 10x^3 + 3x^2 + 7x - 4$ 表示如下：

$$\begin{matrix} \text{VI} & \text{V} & \text{IV} & \text{III} & \text{II} & \text{I} & \text{o} \\ 8 & +12 & -9 & +10 & +3 & +7 & -4 \end{matrix}$$

在舒贝尔（Scheubel）的作品中，我们发现 x, x^2, x^3, x^4, x^5, …，表示 *pri.*, *sec.*, *ter.*, *quar.*, *quin.*, 在拉姆斯（Ramus）的作品中 *latus*, *quadratus*, *cubus*, *biquadratus*, *solidus*, 被分别缩写为 l, q, c, bq, s。

乘积 $(7x^2 - 3x + 2)(5x - 3) = 35x^3 - 36x^2 + 19x - 6$ 在其发展过程中，被格拉玛修斯（Grammateus）、施蒂费尔和拉姆斯以下列方式表示：

格拉玛修斯

$$
\begin{array}{lll}
7x. & -3pri. & +2N \\
5pri. & -3N \\
\hline
35ter. & -15x. & +10pri. \\
& -21x. & +9pri. & -6N \\
\hline
35ter. & -36x. & +19pri. & -6N
\end{array}
$$

施蒂费尔

$$7\mathfrak{z} - 3x + 2$$
$$5x - 3$$
$$\overline{35c - 15\mathfrak{z} + 10x}$$
$$-21\mathfrak{z} + 9x - 6$$
$$\overline{35c - 36\mathfrak{z} + 19x - 6}$$

拉姆斯

$$7q - 3l + 2$$
$$5l - 3$$
$$\overline{35c - 15q + 10l}$$
$$-21q + 9l - 6$$
$$\overline{35c - 36q + 19l - 6}$$

早在 15 世纪，德国数学家就用特殊的符号表示根的提取。一开始，.4 表示 $\sqrt{4}$，在数字前面的句号通过附加在数字后面的笔画来延长，里斯和鲁道夫只把 $\sqrt{4}$ 写到了 √4。施蒂费尔在他的《算术积分》中，对根式有更进一步的解释，他将二次，三次，四次，五次，六次根表示为 $\sqrt{3}^6$，$\sqrt{c}^6$，$\sqrt{33}^6$，$\sqrt{\mathfrak{k}}^6$ 以及符号 $\mathbf{Cv}, \mathbf{Cv}, \mathbf{\mathcal{v}}, \mathbf{\mathcal{z}}, \mathbf{\mathcal{z}}$.并作为根号使用。这些符号的前两个出现在鲁道夫的著作中，其他三个出现在施蒂费尔的一本著作中，分别表示它们之前使用的数字的三次根、四次根、二次根、三次根和四次根。

鲁道夫提出了一些根式的运算规则，但没有论证。就像斐波那契一样，他把无理数叫作"numeroussurdus"，并引入了如下形式的表达式：

$$\sqrt{a} \pm \sqrt{b} = \sqrt{a + b \pm 4ab}$$

$$\sqrt{a^2 c} + \sqrt{b^2 c} = \sqrt{(a + b)^2 \cdot c}$$

$$\frac{x}{\sqrt{a} \pm \sqrt{b}} = \frac{x(\sqrt{a} \mp \sqrt{b})}{a - b}$$

　　施蒂费尔以极大的热情研究了无理数，他甚至提到了欧几里得的各种推测，但他的所有成果都保持着充分的独立性。施蒂费尔把无理数分为两类：主无理数和次无理数。第一类包括：（1）形式为 $\sqrt[n]{a}$ 的简单无理数，（2）带正号的二项式无理数，如

$$\sqrt{3}3^{10} + \sqrt{3}3^{-6}, \; 4 + \sqrt{3}^6, \; \sqrt{3}^{12} + \sqrt{c^{12}}$$

　　（3）二项式无理数的平方根，如

$$\sqrt{3} \cdot \sqrt{3}^6 + \sqrt{3}^8 = \sqrt{\sqrt{6} + \sqrt{8}}$$

$$\sqrt{3} \cdot {}^5 + \sqrt{3}^5 = \sqrt{5 + \sqrt{5}}$$

　　（4）带负号的二项式无理数，如 $\sqrt{3}3^{10} - \sqrt{3}3^6$

　　（5）二项式无理数的平方根，如

$$\sqrt{3} \cdot \sqrt{3}^6 - \sqrt{3}^8 = \sqrt{\sqrt{6} - \sqrt{8}}$$

　　根据施蒂费尔的说法，无理数的从属类包括如下表达式

$$\sqrt{3}^2 + \sqrt{3}^3 + \sqrt{3}^5, \sqrt{3}^2 + \sqrt{3}3^4 + \sqrt{c^3}$$

$$\sqrt{3}3 \cdot \sqrt{3}^{6+2} \cdot - \cdot \sqrt{3}^c \cdot \sqrt{c^8} + \sqrt{3}3^{12}$$

$$= \sqrt[4]{\sqrt{6} + 2} - \sqrt[6]{\sqrt[3]{8} + \sqrt[4]{12}}$$

　　显然，斐波那契是从阿拉伯人那里获得了关于负数的知识，他和阿拉伯人一样，不承认负数是方程的根。帕科利阐述了这个规则，负数乘以负数总是正的，但是他只是将它用于形式为 $(p-q)(r-s)$ 的表达式的展开。卡丹（Cardan）以同样的方式继续研究，他承认方程的负根，但他称它们为"估计"，并没有赋予它们独立的意义。施蒂费尔称负数为荒谬数。哈里奥特（Harriot）是第一个思考负数的

人，并使负数可以构成方程的一边。因此，涉及负数的计算直到 17
世纪才开始。无理数也是如此；施蒂费尔是第一个将负数纳入数字系
统的人。

虚数几乎没有被提及。卡丹证明：

$$(5 + \sqrt{-15}) \cdot (5 - \sqrt{-15}) = 40$$

邦贝利[1]（Bombelli）思考得更多。虽然他没有深入研究虚数，
他称为 $+\sqrt{-1}$ 和 $-\sqrt{-1}$ 的本质，但是他提出了处理形如 $a + b$
$\sqrt{-1}$ 的式子的规则，因为它们出现在三次方程的解中。

早期，意大利学派在幂的计算方面取得了相当大的进步。尼科
尔·奥雷斯姆（NicoleOresme）早就开始使用分数指数进行计算。他
的注释是

$$\frac{1}{2} \cdot 1p \frac{2}{3} = \left(1\frac{2}{3}\right)^{\frac{1}{2}}, \frac{1}{4} \cdot 2p \frac{1}{2} = \left(2\frac{1}{2}\right)^{\frac{1}{4}}$$

由此可以看出，他对公式

$$\alpha^{\frac{m}{n}} = (\alpha^m)^{\frac{1}{n}}, \alpha^{\frac{1}{n}} \cdot \beta^{\frac{1}{m}} = (\alpha^n \cdot \beta^m)^{\frac{1}{mn}}, \alpha^{\frac{1}{n}} : \beta^{\frac{1}{m}} = \left(\frac{\alpha^n}{\beta^m}\right)^{\frac{1}{mn}}$$ 熟悉。

在根的转化中，卡丹首先通过写 $\sqrt[3]{a+\sqrt{b}} = p + \sqrt{q}$，$\sqrt[3]{a-\sqrt{b}} = p - \sqrt{q}$ 取
得了重要的进展，因而得出 $\sqrt[3]{a^2 - b} = p^2 - q = c$，$a^z - b = c^3$，邦贝利
对此进行了扩充，并写出 $\sqrt[3]{a + \sqrt{-b}} = p + \sqrt{-q}$，$\sqrt[3]{a - \sqrt{-b}} = p -$
$\sqrt{-q}$，进而得出 $\sqrt[3]{a^2 + b} = p^2 + q$。根据方程 $x^3 = 15x + 4$，他发现了

---

[1]　邦贝利，意大利数学家、工程师。

$$x = \sqrt[3]{2 + \sqrt{-121}} + \sqrt[3]{2 - \sqrt{-121}}$$

$$= 2 + \sqrt{-1} + 2 - \sqrt{-1} = 4$$

在这种情况下

$$p^2 + q = 5, (p + \sqrt{-q})^3 = 2 + \sqrt{-121},$$

$$(p - \sqrt{-q})^3 = 2 - \sqrt{-121}$$

通过增加 $p^3 - 3pq = 2$，以及 $q = 5 - p^2$，$4p^3 - 15p = 2$，得到 $p = 2$，$q = 1$。

　　根据阿拉伯，或者更确切地说是印度的方法提取平方根和立方根，是由格拉马特斯（Grammateus）提出的。在提取平方根的过程中，为了将数字划分为周期，把点放在第一、第三、第五等数字上，从右到左计数。施蒂费尔在很大程度上发展了根的提取，毫无疑问，正是这个目的，他编制了一个二项式系数表，其中的二项式系数一直到 $(a + b)^{17}$，例如 $(a + b)^4$ 读作

1 33 · 4 6 4 1 ·

　　这一时期的数列理论没有在阿拉伯人的知识基础上取得进展。普尔巴赫找到了算术和几何级数的和。施蒂费尔考察了自然数的数列，偶数和奇数的数列，并从中推导出某些幂的数列。关于这些数列，他通过卡丹熟悉定理 $1 + 2 + 2^2 + 2^3 + \cdots + 2^{n-1} = 2^n - 1$。施蒂费尔几何级数出现在一个应用中，而在欧几里得平均值的论述中并没有涉及这个几何级数。众所周知，通过方程 $\dfrac{a}{x_1} = \dfrac{x_1}{x_2} = \dfrac{x_2}{x_3} = \cdots = \dfrac{x_{n-1}}{x_n} =$

$\dfrac{x_n}{b} = q$，其中，$q = \sqrt[n+1]{\dfrac{a}{b}}$，将 n 个几何平均值插入两个量 a 和 b 之间。

施蒂费尔以下列方式在数字 6 和 18 之间插入 5 个几何平均值：

$$
\begin{array}{ccccccc}
1 & 3 & 9 & 27 & 81 & 243 & 729 \\
\sqrt[3]{c1} & \sqrt[3]{c3} & \sqrt[3]{c9} & \sqrt[3]{c27} & \sqrt[3]{c81} & \sqrt[3]{c243} & \sqrt[3]{c729} \\
6 & \sqrt[3]{c139968} & \sqrt[3]{c648} & \sqrt[3]{108} & \sqrt[3]{1944} & \sqrt[3]{c11337408} & 18
\end{array}
$$

其中最后一行由前一行乘以 6 得到结果。施蒂费尔利用这个方案解决倍立方的问题。他选择 6 作为给定立方体的边，在 6 和 12 之间插入三个几何平均值，因为 $q = \sqrt[3]{\dfrac{1}{2}}$，所需立方体的边为 $x = 6\sqrt[3]{2} = \sqrt{c432}$。该长度由施蒂费尔以几何方式构造，如下所示：

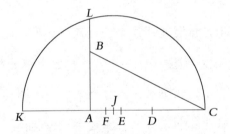

在直角三角形 ACB 中，斜边为 BC，设 $AB = 6$，$AC = 12$，得到 $AD = DC$，$AE = ED$，$AF = FE$，$FJ = JE$，$JK = JC = JL$。这样 AK、AL 就分别是 6 和 12 之间的第一个和第二个几何平均值，这种在施蒂费尔看来是完全正确的构造，实际上只是一个近似值，因为 $AK = 7.5$，$6\sqrt[3]{2} = 7.56$，$AL = 3\sqrt{10} = 9.487$，$6\sqrt[3]{4} = 9.524$。

施蒂费尔也知道一些涉及数论的简单事实，例如与完全数、直径数及魔方有关的定理。

直径数是两个数的乘积，它们的平方和是有理数的平方，直径的平方，例如，$65^2 = 25^2 + 60^2 = 39^2 + 52^2$，因此 $25.60 = 1500$ 和 $39.52 = 2028$ 是直径相等的直径数。

11	24	7	20	3
4	12	25	8	16
17	5	13	21	9
10	18	1	14	22
23	6	19	2	15

魔方是一种类似棋盘的图形，魔法里的数字排列得如此恰当以致它们的和，无论是按对角线还是按行或列计算，总是相同的。一个包含奇数个单元格的魔方，比一个包含偶数个单元格的魔方更容易构造。构造方式如下：将 1 放在中间格下面的一格里，其他的数字按照自然顺序，沿着对角线方向放在空格里。当到达一个已被占用的单元格时，垂直向下隔两个单元格排列。也许印度人知道魔方，但是关于这一点并没有确凿的证据。曼努埃尔·穆晓普鲁斯（Manuel Moschopulus）（很可能是在 14 世纪）提到了魔方这个主题。他对这些数字的构造提出了明确的规则，很久一段时间之后，这些规则通过拉希尔（Lahire）和莫尔韦德（Mollweide）得到了广泛的传播。在中世纪，魔方成为数字神秘主义广泛传播的一部分。施蒂费尔是第一个用科学的方法研究魔方的人，虽然亚当·里斯已经把这个课题引入了

德国，但是施蒂费尔和里斯都没有为魔方提出一个简单的构造规则。不过，我们可以推测，在 16 世纪末，一些德国数学家，例如纽伦堡的瑞亨迈斯特（Rechenmeister），还有彼得·罗斯，已经知道了这种规则。1612 年，巴切特（Bachet）在他的《普雷萨的问题》一书中阐述了含有奇数个单元格的魔方的一般规则，但是他承认没有找到含有偶数个单元格的魔方的解决办法。德·贝西是第一个超越巴切特而真正取得进步的人。1693 年，他为这两类魔方都制定了规则，甚至发现魔方在划掉外面的几行和几列后仍保持其特征。1816 年，莫尔韦德把散乱的规则整理成一本书，叫作《魔方魔法》，其特点是简单而科学。更现代的作品来自贺嘉尔（Hugel）［安斯巴赫（Ansbach），1859］、佩索（1872 年），他还研究了神奇的圆柱体，以及汤姆森（Thompson）（数学季刊，第十卷），根据这些研究者的规则，边为 pn 的魔方是由边为 n 的魔方推导出来的。

2. 代数

在中世纪末期，优算、艺术、代数或余弦数与普通算术是相对立的。意大利人或者像阿拉伯人那样，将方程理论简称为代数，或者称之为伟大的艺术［在达·芬奇（Leonardo da Vinci）时代之后非常普遍，在雷格蒙塔努斯（Regiomonanus）时代完全确定下来］，事物的规则（La regola della cosa，cosa = res，事物），规范事物。15 世纪和 16 世纪的德国代数家把它叫作余弦，余弦法则，代数，或者像希腊人一样，叫逻辑。韦达（Vieta）使用术语"速算"和"速算分析"，为方程的处理起了一个特殊的标题"速算方程"。方程式的表示方法逐渐呈现出现代的形式。等号一般用文字表达，直到 17 世纪中叶，人们才开始普遍使用一种特殊的符号。下面是用不同方法表示方程的例子：

卡丹：

　　Cubus $\bar{\text{p}}$ 6 rebus aequalis 20，$x^3 + 6x = 20$；

韦达（Vieta）：

　　1C -8Q $+16$N aequ. 40，$x^3 - 8x^2 + 16x = 40$；

雷格蒙塔努斯（Regiomontanus）：

　　16 census et 2000 aequ. 680 rebus，$16x^2 + 2000 = 680x$；

雷默斯（Reymers）：

$$
\begin{array}{ccccccc}
\text{XXVIII} & \text{XII} & \text{X} & \text{VI} & \text{III} & \text{i} & \text{o} \\
1gr & 65532 & +18 & \div 30 & \div 18 & +12 & \div 8 ;
\end{array}
$$

$$x^{28} = 65532x^{12} + 18x^2 - 30x^6 - 18x^3 + 12x - 8 ;$$

笛卡儿（Descartes）：

$$z^2 \infty\, az - bb \qquad\qquad z^2 = az - b^2$$

$$y^4 - 8y^3 - 1yy + 8y * \infty\, 0 \qquad\qquad y^4 - 8y^3 - y^2 + 8y = 0$$

$$x^6 \,****-\, bx \infty\, 0 \qquad\qquad x6 - bx = 0$$

$$x5 \,****-\, b \infty\, 0 \qquad\qquad x5 - b = 0$$

胡登（Hudde）：

$$x^3 \infty\, qx.\, r， \quad x^3 = qx + r.$$

在欧拉（Euler）时代，现代形式发展的最后一次变革已经完成。

一次方程式没有什么值得注意的地方。尽管如此，我们可以注意在格拉玛修斯和阿皮安（Apian）的著作中发现了比例的特殊形式。格拉玛修斯写道："将 a 用 b 的形式表示，同样将 c 用 d 的形式表示。"阿皮安列式

$$4 - 12 - 9 - 0，即为 \frac{4}{12} = \frac{9}{x}$$

比萨的列奥纳多（Leonardo）求解二次方程的方法与阿拉伯人完全相同。卡丹承认二次方程的两个根，甚至他承认其中一个是负的，但他并不认为这样的根能成为方程真正的解。鲁道夫只承认正根，施蒂费尔明确地说，除了有两个正根的二次方程，没有哪个方程会有两个根。一般来说，在 $12x + 24 = 2\frac{10}{49}x^2$ 的例子中，计算结果受到格拉马蒂厄斯（Grammateus）方法的影响："将 $24N$ 除以 $2\frac{10}{49}$ 秒，得到 $10\frac{8}{9}$ $a\left(10 = \frac{8}{9}a\right)$。用 12 除以 $2\frac{10}{49}$ 秒，得到 $\frac{54}{9}b\left(\frac{54}{9} = b\right)$。将 b 的一半进行平方，得出 $\frac{2401}{324}$，再加上 $a = 10\frac{8}{9}$，得出 $\frac{5929}{324}$，它的平方根是 $\frac{77}{18}$。把这个数加到 b 的上 $\frac{1}{2}$，或者 $\frac{46}{18}$，7 是 1 优先级所代表的数字。证明：$12 \times 7N = 84N$；加上 $24N = 108N$，$2\frac{10}{49}$ 秒乘以 49 也必须得到 $108N$。"

这种计算是由莱比锡的汉斯·伯内克（Hans Bernecker）和艾斯莱本的汉斯·康拉德（Hans Conrad，约 1525 年）研究的，然而人们没有发现这两位数学家的任何一份备忘录。1523 年，维也纳大学鼓

励格拉米纳特斯（Graminateus）发表了第一篇德国代数论文，其标题为《艾恩精准算术》。亚当·里斯于 1518 年出版了《算术》，并于1524 年完成了《未知数》的手稿，但它仍然处于手稿阶段，直到1855 年才在马林贝格被发现。鲁道夫于 1525 年在斯特拉斯堡出版的《未知数》普遍受到了欢迎。这本书里提供了许多能够完全解出来的例子，这些例子用以下文字描述：

"这种复杂的代数规则叫作 Coss，通过它可以计算出上述数值，而且这种方法简单，容易理解。到目前为止，针对所有其他人的意见，克里斯托夫·鲁道夫·冯·贾维尔（Christofen Rudolff von Jawer）又建立了附加规则。这种代数规则的爱好者觉得这种方法有趣又实用。"

德国未知数的主要著作是米歇尔·施蒂费尔（Michael Stifel）于1544 年在纽伦堡出版的《整数算术》（*Arithmetica Integra*）。在这本书中，除了比较常见的算术运算，它不仅详细地讨论了无理数，而且还发现代数在几何中的应用。施蒂费尔还于 1553 年出版了《麻省理工学院学报》，其中有他自己的附录，对未知数的研究成果进行了简要介绍。他自豪地表示："在这些事情上（尽我所能），我的目标是使复杂问题变得简单。因此，从未知数的许多规则中，我建立了一个单一的规则；从许多求根的方法中，我也建立了一个统一的方法来处理不可数的情况。"

在遥远国度从事数学研究的作家们使施蒂费尔的研究获得了巨大的发展，但这些作家们通常都没有提及他的名字。在 16 世纪下半叶，这些作家包括德国人克里斯托夫·克拉维乌斯（Christoph）和修贝尔（Scheubel），法国人拉穆斯（Ramus）、佩勒蒂埃（Peletier）和萨利尼亚克（Salignac），荷兰人曼赫（Menher）和西班牙人努内斯（Nunez）。因此，可以这样说，直到 16 世纪末或 17 世纪初，除意大利，整个欧洲大陆的代数都被德国未知数的精神支配着。

在意大利的研究环境中成功地用纯算术方法解出三次和四次方程的历史需要特别注意。在这方面，斐波那契（比萨的列奥纳多）首次在解方程 $x^3 + 2x^2 + 10x = 20$ 方面取得进展。虽然他只是近似地解出了这个方程的解，但它引导他证明 x 的值不能单独用平方根表示，即使平方根选择的是复合形式，如

$$\sqrt{\sqrt{m} \pm \sqrt{n}} \, 。$$

方程 $x^3 + mx = n$ 的第一个完整解是希皮奥内·德尔·费罗（Scipione del Ferro）解出的，但它失传了。第二个解出的人不是卡丹，而是塔尔塔利亚。在 1535 年 2 月 12 日，他提出了解方程式 $x^3 + mx = n$ 的公式，这个方程后来以他的竞争对手的名字而闻名。到 1541 年，塔尔塔利亚已经可以解出任何三次方程的解。1539 年，卡丹引诱他的对手塔尔塔利亚来到自己在米兰的家中，不断地询问请教他，于是塔尔塔利亚最后在承诺保密的前提下透露了他的方法。但是卡丹食言了，1545 年，他在《大术》（Ars Magna）一书中发表了塔尔塔利亚的解决方案，其中也提到了发现者的名字。卡丹在他的《大术》一书中还将他的学生费拉里（Ferrari）成功得到的二次方程的解献给了同时代的人。在所谓不可约的情况下，邦贝利（Bombelli）通过变换无理

数，用最简单的形式表示了三次方程的根。在德国数学家中，鲁道夫也解了几个三次方程，但没有解释他所采用的方法。这个时候，施蒂费尔已经能够对"立方数"做一个简单的描述，也就是卡丹作品中的三次方程理论。对塔尔塔利亚的三次方程理论的第一个完整阐述来自福克哈伯（Faulhaber，1604）的著作。

老一辈的数学家把一、二、三、四次的方程（只要允许只用平方根来解）排列在一张包含 24 种不同形式的表中。这些规则的特殊形式，即方程及其解的形式，可以从以下来自里斯的例子中看出：

"第一条规则是当（方程的）根等于一个数字时，或称为 dragma。除以根的个数，这个除法的结果必须回答这个问题。"（即如果

$ax = b$，则 $x = \dfrac{b}{a}$）

"第十六条规则是平方等于立方和四次方时。除以四次方的个数 [x^4 的系数]，然后取立方数的一半乘以它本身，再将这个乘积加到平方数上，求平方根，然后从结果中取立方的一半。你就能得到答案。"

按照这个步骤，我们可以得到：

$$ax^4 + bx^3 = cx^2, x^4 + \frac{b}{a}x^3 = \frac{c}{a}x^2, or x^4 + ax^3 = \beta x^2, 或$$

$$x = \sqrt{\left(\frac{a}{2}\right)^2 + \beta} - \frac{a}{2}$$

里斯把老一辈的数学家的 24 种不同形式重新归纳为"八个等式"（8 个等式，因为他把德语和拉丁语的意思结合在一起），但对于平方根有两个值的事实，他一点也不清楚。施蒂费尔是第一个用一

个方程代表这八个等式的人，他明确指出二次方程只能有两个根，但他也明确指出，这只适用于方程 $x^2 = ax - b$。为了将上面提到的公式简化为里斯的八种形式之一，鲁道夫利用自己的"四个注意事项"，从中可以清楚地看到逐步研究未知数需要付出很多努力。例如，在他的"第一个注意事项。当两个数相等时，首先找一个数，然后去找一个同名的数，那么（考虑到符号 + 和 −）必须增加其中一个数或者减少另外一个数，一次处理一个数。要注意，必须通过减去 + 号或者增加 − 号来补偿使数字相等所缺少的内容，比如根据 $5x^2 - 3x + 4 = 2x^2 + 5x$，我们可以得出 $3x^2 + 4 = 8x$"。

这个时期的第一个例子，也就是带有多个未知数的方程，鲁道夫曾经遇到过，他只是顺便解决了这个问题。在这一点上，施蒂费尔明显超越了他的前辈。除了引入第一个未知数 $1x$，他还引入了 $1A$、$1B$、$1C$……作为附加未知数，并标明了在进行基本运算时需要的新符号，如 $8xA\ (\ = 8xy)$，$1A\ \mathbf{3}\ (\ = y2)$，以及其他符号。

卡丹在与塔尔塔利亚交往时的自私自利给他的名字蒙上了一层阴影，但他仍然值得赞扬，尤其是他近似地解出了高次方程的解。韦达进一步在这个方面加以研究，他发展了一种能够近似地解出任何次幂的代数方程的解法，后来牛顿改进了这一方法，因此人们通常将这一成果归功于韦达。雷默斯（Reymers）和比尔吉（Bürgi）也使用规则对这些得到近似值的方法的发展做出了贡献。因此我们可以说，到 17 世纪初，已有一些实用的方法可以计算出代数方程的正实根，而且可以达到任意期望的精确值。

代数方程真正的理论是韦达提出的。他理解（只承认正根）二次方程和三次方程的系数与其根的关系，也得出了一个惊人的发现：在三角学中出现的某个 45 次方程有 23 个根（在这个列举中他忽略了负正弦）。在格曼（German）的作品中，也有关于分析方程理论的独特见解，例如，比尔吉认识到符号的变化与方程的根之间的联系。无论这些现代理论的最初方法看起来多么不重要，它们都为后来占主导地位的思想铺平了道路。

四、第三阶段　从 17 世纪中叶至现在

书院和皇家学会的建立标志着这一时期的开始，它们也是数学科学领域日益活跃的外在标志。最古老的学术团体，意大利林塞学院（Accademia dei Lincei），早在 1603 年就在一位罗马绅士——恺撒公爵的建议下成立了，其著名成员还包括伽利略。伦敦皇家学会成立于 1660 年，巴黎学院成立于 1666 年，柏林学院成立于 1700 年。

随着纯数学的不断发展，与离散量有关的算术和与连续量有关的代数之间的对比越来越明显。随着时代的发展，代数和数论的研究取得了巨大的成就。

韦达的研究对哈里奥特（Harriot）的作品产生了极大的影响。在韦达的研究基础上，哈里奥特写了《实用分析术》（*Artis analyticae Praxis*），该书出版于 1631 年，也就是他去世之后。这是一种方程理论，其中符号系统也有了实质性的改进。将符号 > 和 < 用来表示

"大于"和"小于"起源于哈里奥特，而且他总是把 xx 写为 x^2，把 xxx 写为 x^3。哈里奥特和威廉奥特（William Oughtred）几乎同时用"×"来表示"相乘"，但是人们通常将其归功于威廉奥特（William Oughtred）。笛卡儿（Descartes）用句号表示乘法，莱布尼茨在 1686 年用⌢表示乘法，⌣表示除法，而在阿拉伯人的著作中，a 除以 b 表示为 $a-b$，a/b 或者 $\frac{a}{b}$。在克莱罗（Clairaut）去世后的 1760 年，他的一部作品出版了，其中首次出现了 $a:b$ 的形式。沃利斯（Wallis）在 1655 年使用符号 ∞ 表示无穷大。笛卡儿广泛地使用了 a^n 的形式（用于正整数指数）。沃利斯解释说，表达式 x^{-n} 和 $x^{\frac{1}{n}}$，各自表示的就是表达式 $1:x^n$ 和 $\sqrt[n]{x}$；但莱布尼茨和牛顿首先认识到符号体系一致的重要性，并提出了建议。

二项式的幂引起了帕斯卡（Pascal）的注意，他在 1654 年与费马（Fermat）的通信中提到了"算术三角形"，尽管它是由施蒂费尔在 100 多年前提出的，至少在其本质上是这样的。该算术三角形是以下列形式排列的二项式系数表：

$$
\begin{array}{cccccc}
1 & 1 & 1 & 1 & 1 & 1 \\
1 & 2 & 3 & 4 & 5 & 6 \\
1 & 3 & 6 & 10 & 15 & 21 \\
1 & 4 & 10 & 20 & 35 & 56 \\
1 & 5 & 15 & 35 & 70 & 126 \\
1 & 6 & 21 & 56 & 126 & 252
\end{array}
$$

因此，从左向右向上延伸的第 n 对角线包含了 $(a+b)^n$ 的展开系数。帕斯卡用这个表格展开了一些具体的数字和给定数量的元素的组合。牛顿在 1669 年推广了二项式公式。范德蒙（Vandermonde）在 1764 年提出了初等证明。1770 年，欧拉（Euler）在他的《代数学入门》（*Anleitung zur Algebra*）中提出了任何所需指数的证明。

关于数的性质和数的概念的扩展有一系列有趣的研究，大多出现在 19 世纪下半叶。虽然在古人看来在所有的数中，数字只是一系列自然数中的一个，但随着时间的推移，算术的基本运算已经从整数扩展到分数，从正数扩展到负数，从有理数和实数扩展到无理数和虚数。

对于自然数或整数绝对数的加法，牛顿和柯西（Cauchy）通常称之为"数"，结合律和交换律成立，即：

$$a+b+c = a+(b+c), a+b+c = a+c+b$$

它们的乘法遵循结合律、交换律和分配律，因此

$$abc = (ab)c; ab = ba; (a+b)c = ac + bc$$

这些运算规则也同样适用于减法和除法。将这些运算规则应用于所有自然数，就必须引入零、负数和分数，从而扩大有理数的范围，在这个大范围内，如果我们不考虑除以 0 的情况，则这些运算总是可行的。

数字系统的这种扩展在 16 世纪以引入负数的形式表现出来。韦达区分了（正）数和负数。但是笛卡儿是第一个探索的人，他在他的几何学中用同一个字母来表示正数和负数。

欧几里得在几何基础上把无理数融合到数学体系中，并沿用了很多个世纪，事实上，直到近代，通过魏尔斯特拉斯[①]（Weierstrass）、戴得金[②]（Dedekind）、G. 康托尔（G. Cantor）和海涅（Heine）的研究，才产生了无理数的纯算术理论。

魏尔斯特拉斯从整数的概念开始研究。一个数量是由一系列同类的对象组成的，因此，数字只不过是"1 + 1 + 1 的组合表示"。通过减法和除法，我们得到负数和分数。在分数中有一些数字，如果用一个特定的系统，比如我们的十进制系统表示，则由无穷多个元素组成，但通过变换可以等于由有限个元素组合而产生的其他数字（例如，$0.1333\cdots = \dfrac{2}{15}$）。这些数字还有另一种解释。但是可以证明，由一个已知类别的无穷多个元素构成的每一个数，包含一个已知的有限元素，无论是否能够实际表达出来，都具有非常明确的意义。当这类数字只能用它的无限个元素来表示，而不能用其他方法表示时，它就是一个无理数。

戴得金根据正数和负数、整数和分数的大小，在一个系统或一组数字中排列它们。给定一个数字 a，将这个系统划分为两类，A_1 和 A_2，每一类中都包含无穷多个数，而且 A_1 中的每个数都小于 A_2 中的每个数，那么 a 要么是 A_1 中最大的数，要么是 A_2 中最小的数。这些有理数可以与直线上的点一一对应。由此可见，这条直线除了对应有

---

① 魏尔斯特拉斯，德国数学家，被誉为"现代分析之父"。
② 戴得金，德国数学家，高斯的最后一位学生。

理数的点，还包含无穷多个点。也就是说，有理数系统并不具有与直线相同的连续性，而这种连续性只能通过引入新的数来实现。戴得金认为，连续性的本质包含在下列公理中："如果把一条直线上的所有点分成两类，使得第一类的每一点都位于第二类的每一点的左边，因此就恰好存在一个点将所有点分成两类，将直线分成两部分。"有了这个假设，就有可能创建无理数。有理数 a 产生一个点或部分 $(A_1 \mid A_2)$，A_1 和 A_2，关于 A_1 和 A_2，其特征是在 A_1 中 a 是最大的数，或者在 A_2 中 a 是最小的数。直线上的无穷多个点没有被有理数覆盖，或者直线没有被一个有理数切割，它们对应一个且只有一部分 $(A_1 \mid A_2)$，这些部分中的每一个都定义一个且只有一个无理数 a。

由于这些区别，系统 R 构成了一个由所有一维实数组成的数域，这句话的意思并不是说以下的规则都适用：

1. 如果 $\alpha > \beta$，$\beta > \gamma$，那么 $\alpha > \gamma$，也就是说数字 β 介于 α 和 γ 之间。

2. 如果 α 和 γ 是两个不同的数，那么在 α 和 γ 之间会有无数个不同的 β。

3. 如果 a 是一个确定的数，那么系统 R 的所有数可以分为 A_1 和 A_2 两类，每一类都包含无穷多个不同的数；第一类 A_1 包含所有小于 a 的数 a_1，第二类 A_2 包含所有大于 a 的数 a_2；数字 a 本身可以任意分配给第一类或第二类，然后分别是第一类中的最大数或第二类中的最小数。在每一种情况下，把系统 R 分成两类 A_1 和 A_2，使得第一类 A_1 的每一个数都小于第二类 A_2 的每一个数，我们确认这个分类是

由 a 所引起的。

4. 如果把系统 R 中的所有实数分为 A_1 和 A_2 两类，A_1 中的每一个数 a_1 都比 A_2 中的每一个数 a_2 小，那么就有且只有一个 a 能够实现这种分类（数域 R 具有连续性）。

根据 J. Tannery 的说法，戴得金理论的基本观点已经出现在伯特兰（J. Bertrand）的算术和代数教科书中，但戴得金对此表示否认。

G. 康托尔和海涅通过初等数列的概念引入无理数。这样的一个数列由无穷多个有理数组成，a_1，a_2，a_3，$\cdots a_{n+r}$，$\cdots\cdots$它具有这样一个性质，对于假定的正数 ϵ，不管它有多小，都有一个指数 n，因此对于 $n \geqslant n_1$，项 a_n 与任何后续项之差的绝对值都小于 ϵ（数列 a's 收敛的条件）。任何两个初等数列都可以相互比较，以确定它们是相等的，还是哪个大的或哪个小，因此，我们获得了一般意义上数的确定性。由初等数列定义的数称为"序列数"。一个序列数要么与一个有理数相同，要么不同，如果与有理数不同，那么它就是一个无理数。数列的数域由所有的有理数和无理数构成，也就是说，由所有的实数构成，而且只由这些实数构成。在这种情况下，所有的实数都与直线相关联，正如康托尔所示。

通过增加虚数扩展数域，这与方程的解，尤其是与三次方程的解密切相关。16 世纪的意大利代数学家称它们为"不可能的数"。虚数作为方程合适的解，最早出现在阿尔伯特·吉拉德（Albert Girard）（1629）的著作中。用"实"和"虚"这两个词的特点来表示方程根性质的差异，是笛卡儿提出的。棣莫弗[①]（DeMoivre）和朗博特（Lamberet）在三角学中引入了虚数，棣莫弗是通过他著名的关于幂的命题 $(\cos\phi + i\sin\phi)^n$ 来实现的，这个命题的现代形式是欧拉首次提出的。

高斯因解释虚数的性质而出名。他普遍使用记号 i 代替欧拉首次提出的 $\sqrt{-1}$。他将 $a + bi$ 称为带有范数 $a^2 + b^2$ 的复数。$\sqrt{a^2 + b^2}$ 的术语"系数"来自阿干特（Argand，1814），$r(\cos\phi + i\sin\phi)$ 的"约减式"，等于 $a + bi$，是柯西（Cauchy）提出的。而因子 $\cos\phi + i\sin\phi$ 称为"方向系数"首次出现在汉克尔（Hankel）（1861）的一篇印刷文章中，尽管它先前被使用过。在 1799 年，根据高斯在第二篇关于双二次剩余的论文的解释，他成功地将复数引入算术运算。对高斯来说，保留复数似乎是明智之举。

复数的几何表示方法建立在 17 世纪和 18 世纪许多数学家的观察的基础之上，特别是沃利斯（Wallis），他在用代数方法解决几何问题时意识到这样一个事实，即假设将一个问题的两个实数解作为一条直线上的点时，其他假设则将两个"不可能"的根作为与第一条直线垂直的点。复数在平面图上的第一个令人满意的表示是由卡斯帕·韦塞尔（Caspar Wessel）在 1797 年提出的，但没有引起应有的重视。1806 年，阿干特提出了类似的、同时又独特的处理方法，但他的著作即使在法国也不受欢迎。1813 年，在热尔岗（Gergonne）

---

① 棣莫弗，法国裔英国籍数学家。

的《年鉴》中，有梅茨城的一名炮兵军官弗朗索瓦（Francais）写的一篇文章，文中概述了虚数理论，其主要思想可以追溯到阿干特（Argand）。虽然阿干特后来不断努力改进他的理论，但直到柯西（Cauchy）开始拥护这一理论，它才得到认可。正是高斯（1831）凭借其声誉，使虚数在"高斯平面"中的表示得到所有数学家的认可。

高斯和狄利克雷[①]（Dirichlet）将初等复数引入算术。狄利克雷关于复数的初步研究，连同其证明过程，于 1841 年、1842 年和 1846 年载入《柏林学院学报》中，艾森斯坦因（Eisenstein）、库默尔（Kummer）和戴得金对其材料进行了扩充。高斯在研究四次剩余实数理论的过程中，引入了形如 $a + bi$ 的复数，狄利克雷在新的复数理论中引入了素数、全等、剩余定理、互换等概念，然而，这些命题具有更大的复杂性和多样性，其证明难度也更大。根据高斯的理论，方程 $x^4 - 1 = 0$ 的根为 $+1$，-1，$+i$，$-i$，而爱森斯坦因利用方程 $x^3 - 1 = 0$，将复数 $a + b\rho$（ρ 为统一的复立方根）看作与高斯 $a + bi$ 相似的理论，但有一定的差异。库默尔进一步推广了这个理论，用方程 $x^n - 1 = 0$ 为基础，因此得到：

$$a = a_1 A_1 + a_2 A_2 + a_3 A_3 + \cdots$$

这里的 a's 是实整数，而 A's 是方程 $x^n - 1 = 0$ 的根。库默尔还提出了理想数的概念。也就是说，这些数是素数的因子，并且具有这样的性质，即这些理想数的幂总是一个实数。例如，素数 p 不存在有理因子

---

① 狄利克雷，德国数学家。

分解，使得 $p^3 = A \cdot B$（其中 A 与 p 和 p^2 不同）；但在由 23 个单位根形成的数论中，有素数 p 满足上述条件。在这种情况下，p 是两个理想数的乘积，它的三次幂是实数 A 和 B 的乘积，所以 $p^3 = A \cdot B$。在戴德金后续的研究中，这些单位是任何带有整数系数的不可约方程的根。对于方程 $x^2 - x + 1 = 0$，$\frac{1}{2}(1 + i\sqrt{3})$，也就是说，可以把爱森斯坦因的 p 看作整数。

在研究复数的性质时，H. 格拉斯曼（H. Grassmann）、汉密尔顿（Hamilton）和舍弗勒（Scheffler）得到了一些奇特的发现。格拉斯曼也发展了行列式理论，他在《扩张论》一书中研究了复数的加法和乘法。同样，汉密尔顿发明了微积分四元数，这种计算方法在英国和美国特别受欢迎，并以其在球面学、曲率理论和力学领域相对简单的适用性而得到证实。

H. 格拉斯曼的主要著作于 1844 年出版，其完整的双标题翻译为："广义数学科学或定向微积分科学。"这是一种新的数学理论，以其应用阐释它的含义。第一部分包含线性定向微积分理论。线性定向微积分理论是数学的一个新分支，它借由应用于数学的其他分支，以及静力学、力学、磁学理论和结晶学而得到阐明。高斯对这本精彩的著作给予了高度赞赏，他发现"这本书在一定程度上与他自己半个世纪以来所走过的道路一致"。格鲁纳特（Brunert）和莫比乌斯（Möbius）承认格拉斯曼"对数学，而不是哲学有极大热情"，并祝贺格拉斯曼的"杰出作品"，但是这并没有为它赢得一大批读者。直到 1853 年，莫比乌斯还声称"布雷特施耐德（Bretschneider）是在哥达唯一一位向他保证自己已经读完了《扩张论》的数学家"。

格拉斯曼得到了来自几何学研究的建议，设 A、B、C 为直线上的点，AB + BC = AC。在此基础上，他结合了把平行图看作两个相邻边的乘积的命题，从而引入了新的乘积，只要没有因子的排列，乘法的一般规则就适用，而后者需要改变符号。经过更细致的研究，格拉斯曼认为，若干点的重心之和，它们之间的有限线段是两点的乘积，三角形面积是三点的乘积，金字塔体积是四点的乘积。通过对莫比乌斯理论的研究，格拉斯曼理论的发展更前进了一步。构成平行四边形的两个线段的乘积称为"外乘积"（因子只能通过改变符号来排列），一个线段的乘积和另一个线段在它上面的垂直投影形成了"内乘积"（因子在这里可以排列，但不改变符号）。指数量的引入使这个系统得到了进一步发展。在格拉尼夫斯档案馆发现了格拉斯曼对这个的研究，但只是一个简短的研究（1845）。

1844 年，汉密尔顿在都柏林学院的一次演讲中，首次提出了 i、j、k 的值，因此具体化了他的理论。关于四元数的讲座出现在 1853 年，四元数的元素出现在 1866 年。从一个固定点 O 画一条坐标为 x，y，z 的直角坐标点 P。如果 i, j, k 表示固定系数（坐标轴上的单位距离），则

$$V = ix + jy + kz$$

是一个向量，加上"纯量""标量" w 就得到了四元数。

$$Q = \omega + ix + jy + kz$$

两个四元数的加法遵循常用的公式

$$Q + Q' = \omega + \omega' + i(x + x') + j(y + y') + k(z + z')$$

但在乘法的情况下，我们必须令

$$i^2 = j^2 = k^2 = -1,\ i = jk = -kj,\ j = ki = -ik,\ k = ij = -ji$$

由此我们可以得到

$$Q \cdot Q' = \omega\omega' - xx' - yy' - zz'$$
$$+ i(\omega x' + xw' - yz' - zy')$$
$$+ j(\omega y' + y\omega' - zx' - xz')$$
$$+ k(\omega z' + z\omega' - xy' - yx')$$

关于这个问题，舍弗勒于 1846 年出版了他的第一部作品《关于算术和几何的关系》，1852 年出版了《原位计算》，1880 年出版了《多维尺寸》。对他来说，三维中的向量 r 是由

$$r = a \cdot e^{a\sqrt{-1}} \cdot e^{\beta\sqrt{\div 1}}, \text{ 或}$$
$$r = x + y\sqrt{-1} + z\sqrt{-1} \cdot \sqrt{\div 1}, \text{ 或}$$
$$r = x + y \cdot i + z \cdot i \cdot i_1$$

在这里 $i = \sqrt{-1}\ i_1 = \sqrt{\div 1}$

表示的，是 xy 和 xz 在平面上转动 90° 角的系数。在舍弗勒的理论中，分配律并不总是适用于乘法，也就是说，$a(b + c)$ 并不总是等于 $ab + ac$。

在一定的假设条件下，算术的初等运算定律是有效的，对这一领域的研究促进了逻辑微积分的建立。除了格拉斯曼的《形态学》（1872），还有凯利（Cayley）和埃利斯（Ellis）的笔记，尤其是布尔

（Boole）、施罗德（Schroder）和查尔斯·皮尔斯（Charles Peirce）的
著作，都属于这类研究。

现代数论或高等算术的一小部分是由连分式构成的，它涉及同
余理论和形式理论。这种分数的形成可以追溯到欧几里得时代，它也
被用于计算两个数的最大公约数。连分式中部分商的组合起源于卡
塔尔迪（Cataldi），他在1613年用这种方法得到近似平方根的值，但
是没有仔细检查新分数的性质。

丹尼尔·施文泰尔（Daniel Schwenter）是第一个在确定连分数
的收敛性方面做出重大贡献的人（1625）。他致力于大数字分数约简
的研究，并确定了用于计算连续收敛性的规则。惠更斯（Huygens）
和沃利斯（Wallis）也在这一领域进行了努力，沃利斯发现了一般规
律，并合并了收敛的术语：

$$\frac{p_n}{q_n} \quad \frac{p_{n-1}}{q_{n-1}} \quad \frac{p_{n-2}}{q_{n-2}}$$

按照如下形式：

$$\frac{p_n}{q_n} = \frac{a_n p_{n-1} + b_n p_{n-2}}{a_n q_n - 1 + b_n q_{n-2}}$$

连分式理论在18世纪随着欧拉的研究得到了最大的发展，他提
出了"连分数"（德国术语Kettenbruch，直到19世纪初才开始使
用）。他主要致力于把连分数简化为无限乘积和数列的形式，毫无疑
问，这促进了给出收敛独立形式的尝试，即发现一般的规律，用这个
规律可以计算出任何需要的收敛式，而不必先得到前面的规律。虽然

欧拉没有成功地发现这个定律，但他创造了一个有价值的算法。然而，这并没有使他在本质上更接近目标，因为尽管有克莱默（Cramer）的例子，但他忽略了行列式的使用，因而他的研究更接近纯粹的组合理论。从后一种观点来看，兴登堡（Hindenburg）和他的学生伯克哈特（Burckhardt）、罗特（Rothe）对这个问题进行了探讨。然而，那些从组合理论着手的人只知道连分数的一个角度；独立表示的方法允许从两个角度计算所期望的收敛性，无论是向前还是向后，狄利克雷证明了它的实用价值。

只有在现代，行列式的演算才与组合符号一起应用于这一领域，这方面发展的第一个推动力可以追溯到丹麦数学家拉姆斯（Ramus，1855）。海恩（Heine）、莫比乌斯和甘瑟（S. Günther）也开始了类似的研究，促进了"连分数行列式"的形成。在此之前，勒让德（Legendre）曾研究过某些无穷连分数的不合理性，他和高斯一样，以连分数的形式提出了 2 个幂数列的商。通过应用连分数，可以看出 e^x（x 为有理数）、e、π 和 π^2 不能是有理数（Lambert，Legendre，Stern）。直到最近，埃米特（Hermite）建立了 e 的超越性，林德曼（F. Lindemann）确立了 π 的超越性。

严格地说，在数论中，有关数的性质的一些相当困难的问题，是欧几里得和丢番图通过研究指数解决的。然而，只要没有使用充分的数字符号，而且几乎完全借助于代数而没有使用几何方法，就不可能取得任何重大进展。在韦达和巴切特（Bachet）之前，数论研究都没有什么重要的进展值得注意。韦达解决了这一领域的许多问题，巴切特在其著作《一次不定方程问题》中对一次不定方程提出了令人满意的解答。后来，费马（Fermat）为数字理论基础奠定了第一块基石。他仔细研究了丢番图的理论，并在他的著作中加入了一些有价值的附加命题。他提出了大量可以追溯到丢番图的命题，但大部分都没有经过论证，例如：

"$4n + l$ 的每一个素数是两个正方形的和，$8n + l$ 的主要素数同时具有三种形式 $y^2 + z^2$，$y^2 + 2z^2$，$y^2 - 2z^2$，$8n + 3$ 的素数以 $y^2 + 2z^2$ 的形式出现，$8n + 7$ 的素数以 $y^2 - 2z^2$ 的形式出现。此外，任何一个数字都可以由三个立方体、四个正方形、五个五次方等相加构成。"

费马证明了毕达哥拉斯直角三角形的面积不可能是平方数，例如边长为 3，4，5 的三角形。他也是第一个得到方程 $ax^2 + 1 = y^2$ 的解的人，其中 a 不是平方数。无论如何，这个问题引起了英国数学家的注意，在这些数学家中，布劳克勋爵（Lord Brouncker）发现了一种解决方法，沃利斯的著作中也有这种方法。费马的许多定理都属于"高等数学的最佳命题"，并且具有归纳法很容易发现的特点，但是它们的证明是极其困难的，因此只能进行最具探索性的研究。正是这一点赋予了高等数学一种魅力，使它深受早期几何学者的喜爱，更不用说它那取之不尽、用之不竭的宝库了，它远远超越了纯数学的所有其他分支的发展。

继费马之后，欧拉再次尝试对数论进行认真的研究。除此之外，他还研究了一个象棋棋盘问题的第一个科学解决方案，这个方案要求从一个特定的方格开始，依次占据所有的 64 个方格，还有一个进一步的命题，即四个方格之和乘以另一个类似的和也等于四个方格之和。他还发现了费马各种命题的证明，以及在已知一个特殊解的假设下，具有两个未知数的二次不定方程的通解，并处理了大量其他不定方程的解，因此他发现了许多灵巧的解决方法。

欧拉［以及克拉夫特（Krafft）］也忙于亲和数（amicable numbers）的研究。这些数字，在毕达哥拉斯学派中被扬布里柯（Iamblichus）称为已知数，被阿拉伯的塔比特·伊本·库拉（Tabit ibn Kurra）提到过，这些数字向笛卡儿暗示了一个形成定律，弗兰斯·斯霍滕（Van Schooten）再次提出了这个定律。欧拉对这一定律做了补充，并由此引出了一个命题，即两个亲和数必须具有相同数量的素数因子。亲和数的形成取决于方程 $xy + ax + by + c = 0$ 的解，或者取决于二次型 $ax^2 + bxy + cy^2$ 的因式分解。

继欧拉之后，拉格朗日在数论方面发表了许多有趣的成果。他指出，任何数都可以表示为四个或少于四个数的平方和，任何次数的代数方程的实数根都可以转换成连分数。他也是第一个证明方程 $x^2 - Ay^2 = 1$ 总是可解为整数的人，并发现了推导素数命题的一般方法。

现在，勒让德和高斯让数论的发展经历了两次巨大的飞跃。勒让德有价值的论文比高斯的《数学研究》还早了几年，包含了到那个时候为止已经发表的所有研究成果，除了某些原始的研究，最精彩的是二次互反定律，或者，高斯称之为残差平方学说的基本原理。这个定律给出了两个奇数和不等素数之间的关系，可以用以下文字表述：

"设 $\left(\dfrac{m}{n}\right)$ 为用 $m^{\frac{n}{2}}$ 除以 n 后得到的余数，$\left(\dfrac{n}{m}\right)$ 为用 $n^{\frac{m}{2}}$ 除以 m 后得到的余数，这些余数总是 $+1$ 或 -1。不管质数 m 和 n 是什么，只要它们都不是 $4x+3$ 的形式，我们总能得到 $\left(\dfrac{n}{m}\right)=\left(\dfrac{m}{n}\right)$。但如果它们都是 $4x+3$ 的形式，我们就能得到 $\left(\dfrac{n}{m}\right)=-\left(\dfrac{m}{n}\right)$。"

这两种情况包含在下面的公式里：

$$\left(\frac{n}{m}\right)=(-1)^{\frac{n-1}{2}\cdot\frac{m-1}{2}}\cdot\left(\frac{m}{n}\right)$$

柏谢（Bachet）彻底探讨了一次二元不定方程的理论——高斯对这个方程的符号表示形式是 $x\equiv a$（系数 b），与 $\dfrac{a}{b}=y+a$ 完全相同——之后，数学家开始研究 $x^2\equiv m$（系数 n）的一致性。费马知道一些特殊情况下的完全解决方案，他知道在什么条件下 ± 1，2，± 3，5 是奇素数 m 的二次余数或非余数。欧拉证明了 -1 和 ± 3 的情况，拉格朗日证明了 ± 2 和 ± 5 的情况。欧拉也提出了包含二次互反律的最一般的命题，尽管他并没有对其进行完整的论证。著名的勒让德论证（1798）也是不完整的。1796 年，高斯在不了解欧拉的研究的情况下，提交了第一个正确的论证——这个论证同时具有它所包含的后来使用的原则的独特性。在一段时间内，高斯为这一重要定律提出了不少于八个的证明，其中第六个（按时间顺序，最后一个）几乎同时被柯西、雅可比（Jacobi）和爱森斯坦（Eisenstein）简化了。爱森斯坦特别指出，二次定律、三次定律和四次定律都源自同一个定律。1861 年，库默尔（Kummer）借助形式理论提出了二次互反律定律的两个证明，并将其推广到第 n 次幂。直到 1890 年，已经发表了 25 篇不同的关于二次互反律的论证，他们使用的是归纳法和归约法、边角的划分法、函数论和形式论。除了高斯提到的八次证明，爱森斯坦有四次证明，库默尔有两次证明，雅可比、柯西、柳维尔（liouvile）、勒贝格（Lebesgue）、斯特恩（Genocchi）、斯特恩（Stern）、泽勒（Zeller）、克罗内克（Kronecker）、庞尼亚考斯基（Bouniakowsky）、谢林（Schering）、彼得森（Petersen）、沃伊特（Voigt）、布什（Busche）和佩平（Pepin）各有一次证明。

虽然不同时期的数学家之间的合作也起到了很大的作用，但毫无疑问，高斯在 1801 年的算术研究贡献了数论初步发展中最重要的部分。后来这一分支的研究就根植于高斯研究的理论。这些研究是直到椭圆超越理论引入之后才开始进行的，狄利克雷在方程方面的研究，也许与雅可比矩阵关于把一个数分解成 2、4、6、8 平方的命题，以及狄利克雷的研究都与这个方程有关：

$$x^n + y^n = z^n$$

狄利克雷最喜欢的就是他在数论方面的著作。他是第一个在德国一所大学里发表数论讲座的人，并夸口说自己使高斯的《算术研究》（*Disquisitiones Arithmeticae*）变得更容易理解。根据他自己的声明，勒让德（Legendre）在这方面的研究并不成功。

狄利克雷最早的论文（在 1825 年提交给法国科学院），讨论了费马的一个命题，但费马没有论证，即"当这两个幂的指数高于第二个幂的指数时，两个指数相同的幂之和绝不可能等于同一指数的幂"，欧拉和勒让德证明了这个命题的三次和四次幂，狄利克雷讨论了两个五次幂的和，并证明了整数 $x^5 + y^5$ 不能等于 az^5。这部著作的重要性在于它与高次幂理论的密切关系。狄利克雷在数论领域的进一步研究，包括高斯关于双二次剩余和互反定律的某些命题的精彩演示，以及确定任何给定行列式的二次型的类数，于 1825 年发表在神学宣传上。他认为"分析在数论中的应用就像笛卡儿在几何学中的应用一样值得注意。如果它们不仅被扩展到数论的某些部分，而且被一致地扩展到它的所有其他问题，那么，它们也会像解析几何一样，被认为是一门新的数学学科"。

许多关于数的性质和定律的研究，促进了 17 世纪关于数的简化的研究。在将近两千年的时间里，埃拉托色尼的"埃拉托色尼筛选法"一直是确定质数的唯一方法。1657 年，弗兰斯·斯霍滕发表了一张质数表，上面列出了长达一万个质数。11 年后，佩尔（Pell）建立了一个最小质数因子表（除了 2 和 5），质数的数量达到 10 万个。在德国，这些表格几乎不为人知，在 1728 年，皮艾特（Poëtius）专门出版了一个因子表，其数字达到 10 万个，而且被反复模仿。克里格（Krüger's）1746 年的表格的数字也达到 10 万个；兰伯特（Lambert）1770 年的表格第一次展示现代表格中使用的排列方式，包含了 10.2 万个数字。在 1770—1811 年出现的六份表格中，费克尔（Feldel）的表格因其独特的方式而显得很有趣；它在维也纳出版了多达 408000 份；手稿的其余部分后来被扣留，已经印刷的部分被用于制造 18 世纪最后一次土耳其战争所用的弹药；1817 年，在巴黎伯克哈特的桌子上出现了 1er，2^{e}，3^{e} 百万音调分割器。1840—1850 年，克列尔向柏林学院提交了第四百万、第五百万和第六百万个质数表，但没有出版。达斯（Dase）以他的算术天赋而闻名，高斯（Gauss）曾指定他负责七百万到千百万的计算工作，但他在 1861 年未完成这项工作就去世了。自 1877 年以来，英国协会一直由格莱舍（Glaisher）在两台计算机的帮助下继续使用这些表格。第四百万因子表出版于 1879 年。

1856 年，K. G. 罗修斯（K. G. Reuschle）在与雅可比通信的鼓励下，发表了用于数论的表格，其中包含了将 $10^{n} - 1$ 形式的数分解为质数因子，最多可达 $n = 242$，并且形如 $a^{n} - 1$ 的数也有许多类似的结果，还将 $p = 6n + l$ 形式的质数分解为：

$$p = A^2 + 3B^2 \text{ 和 } 4p = C^2 + 27M^2$$

因为它们发生在立方余数的处理和周角的分割中。

对于代数科学和几何科学的发展来说，最重要的是对称函数、消元法和代数形式不变量理论的发展，因为这些理论是通过射影几何学在方程理论中的应用来完善的。

第一个根据系数计算代数方程根的对称函数（幂和）的公式是牛顿（Newton）提出的。华林（Waring）也在这个领域研究（1770）并发展了一个定理，高斯在 1816 年独自发现了这个定理，而且使用这个定理，任何对称函数都可以用初等对称函数来表示。这是用凯莱（Cayley）和西尔维斯特（Sylvester）设计的方法直接完成的，凯莱也提到对称函数的权重。最古老的对称函数（扩大到十次方）表是由迈尔—赫希（Meyer – Hirsch）于 1809 年在他的《问题集》中提出的。这些函数的计算非常烦琐，凯莱和布里奥斯基（Brioschi）把它们简化了。

欧拉（1748）和贝祖（Bézout，1764）分别提出了含有一个未知数的两个方程或两个齐次变量的两种形式的方程的结果。这两种方法都有一个优点，就是把结果简化为线性方程组的解。贝祖引入了"合矢量"这个名称（德摩根 De Morgan 提出"消元式"），并确定了这个函数的次数。拉格朗日和泊松（Poisson）还研究了消元法，拉格朗日陈述了常见的多重根的条件，泊松提供了一种形成方程组根的共值对称函数的方法。雅可比、黑塞（Hesse）、西尔维斯特（Sylvester）、凯莱、柯西、布里奥斯基（Brioschi）和戈丹（Gordan）进一步发展了消元法理论。雅可比的自传把结果表示为一个行列式，同时阐明了属于结果系数的集合，以及结果及其乘积由另一部分任意函数表示为两个给定形式的函数的方程。雅可比矩阵的概念促使黑塞进行了许多重要的研究，特别是对两个方程的结果的研究。1843 年，在西尔维斯特（Sylvester）的透析法（1840）之后，黑塞又对这两个方程进行了研究。在 1844 年，研究"有两个变量的三个代数方程的变量的消除"，不久之后研究"关于平面曲线拐点的问题"。黑塞认为这些研究的主要价值不在于最后的方程式，而在于从已知函数中洞察同一方程式的组成。因此，他得到了三个二次质数形式的函数行列式，进一步得到了立方型偏微分系数的行列式及其黑塞行列式，其几何解释提供了有趣的结果，在一般情况下，n 阶平面曲线拐点由其与 $3(n-2)$ 阶曲线的完全交集得到。这个结果以前是已知的三阶曲线，已经被普利克（Plücker）发现。对黑塞来说，这是从合矢量中去除因子的第一个重要例子，因为这些因子与要解决的实际问题无关。1849 年，黑塞成功地把消元理论加以推广，摆脱了一切多余的因素，得到了人们长期寻找的十四次方程，四阶曲线的两条切线就依赖于这个方程。

黑塞 1843 年采用的消元法是西尔维斯特 1840 年发表的透析法；他把第 m 阶和第 n 阶两个函数的结果作为行列式，其中第一个的系数进入 n 行，第二个的系数进入 m 行。西尔维斯特也在 1851 年引入了"判别式"这个名称，用来表示代数方程存在两个相等根的条件；直到这个时候，也就是在高斯的例子之后，人们习惯说"函数的行列式"。

不变性的概念对今天的所有数学分支都非常重要，它可以追溯到拉格朗日时代。1773 年，他评论说二次型 $ax^2 + 2bxy + cy^2$ 的判别式不会因将 x 替换为 $x + \lambda y$ 而改变。针对二元和三元二次型的形式，他这个判别式的线性变换的不变性，被高斯（1801）完全证明了；但是这个判别式在一般情况下的线性变换保持不变，并被 G. 布尔（G. Boole，1841）发现，并且第一次对它做以证明。1845 年，凯莱在布尔的证明的基础上，发现在线性映射中还有其他具有线性不变性质的函数，证明了如何确定这些函数，并将它们命名为"超行列式"。凯莱的这一发现迅速发展成为重要的不变量理论，特别是通过

凯莱、阿隆霍尔德（Aronhold）、G. 布尔、西尔维斯特、赫米特
（Hermite）和布里奥斯基（Brioschi）的著作，还有克莱布施（Cleb-
sch）、戈丹等人的著作可以说明这一点。在凯莱的第一篇论文发表
后，阿伦霍尔德（Aronhold）做出了重要贡献，他确定了不变量 S 和
T 的三元形式，并发展了它们与同一形式的判别式之间的关系。从
1851 年开始，凯莱和西尔维斯特发表了一系列重要文章。西尔维斯
特在这些术语中创造了今天人们使用的大部分术语，特别是"不变
性"的名称（1851）。1854 年，埃尔米特发现了"互反律"，即一个
m 次二元型的 p 阶固定次数的共变式或不变式和一个 p 次二元型的 m
阶固定次数的共变式或不变式之间是一一对应关系。克莱布施和戈
丹在他们的初步研究中使用了缩写 b_x^n，这是阿伦霍尔德为二进制形
式引入的。凯莱在其初步研究中已经知道，在系统地扩展在形成不变
量和共变量的转换过程，在形成基本共变量的合同过程，以及在形成
同时不变量和共变量的过程，特别是组合的过程。戈丹关于形式系统
的有限性的定理构成了这一理论最近的最重要的进展；这个定理表
明，二元形式或这种形式的系统只有有限数量的不变量和共变量。戈
丹还提出了完整形式系统的形成方法，并对五阶和六阶二元形式进
行了同样的研究。希尔伯特（Hilbert，1890）证明了 n 个变量形式的
完备系统的有限性：

简言之，为了说明不变量理论对数学其他分支的重要意义，我们
只需指出，二元形式理论已由克莱布施（Clebsch）转化为三元形式
理论（特别是对于线坐标方程）；三元形式在三阶空间曲线中找到了

它的表示，而四元二元形式在三阶平面曲线理论中发挥了重要作用，并且有助于四次方程的求解以及将一类椭圆积分转化为埃尔米特的正规形式；最后，在五次和六次方程的变换中可以有效地引入组合。克莱布施、魏尔斯特拉斯（Weierstrass）、克莱因（Klein）、比安奇（Bianchi）和布克哈特（Burckhardt）等人的研究结果表明，不变量理论对于超椭圆函数和交换函数理论具有重要意义。这一理论进一步被赫里斯托非费尔（Christoffel）和利普希茨（Lipschitz）用于表示线元，被西尔维斯特（Sylvester）、哈尔芬（Halpnen）和列维（Lie）用于微分方程理论中的微分不变式或微分不变量，被贝尔特拉米（Beltrami）用于曲面曲率理论中的微分参数。希尔伯特（Hilbert）在许多文章中也提出了无理数不变量。

概率论是在帕斯卡（Pascal）和费马的指导下形成的。1654 年，一位赌徒向帕斯卡提出了两个问题："掷骰子怎样能掷出两个 6，如果在某一特定时刻游戏中断，赌注应该按什么比例分配？"对帕斯卡来说，解决这两个问题非常简单，正是这两个问题为他所命名的一门新科学《论赌博中的计算》奠定了基础。在帕斯卡的邀请下，费马也利用组合理论将注意力转向了这类问题。惠更斯很快就以这两位法国数学家为榜样，在 1656 年写了一篇关于机会游戏的小论文。第一个将这一新理论应用于经济科学的是笛卡儿著名的学生、"退休大亨"让·德·威特（Jean de Witt）。他在 1671 年写了一份报告，说明了根据死亡率表确定年金率的方法。赫德（Hudde）也发表了关于同一主题的调查报告。《机会运算》在雅可比·伯努利（Jacob Bernoulli）的《猜度术》（1713）中得到了全面的阐述，这本书在作者去世 8 年后出版，之前它一直被遗忘，直到孔多塞（Condorcet）时代才引起人们注意。自伯努利以来，杰出的代数学家们都对概率论进行了研究。

最小二乘法是勒让德在 1805 年发表的一篇论文中提出的。高斯早在 1795 年就掌握了这种方法，但他在 1809 年才发表了第一本关于这个问题的著作。因此，这一荣誉要归功于高斯，因为是他首先提出了这个方法的现有形式，并将其大规模地应用于实际生活中。这项研究的灵感来自 1801 年 1 月 1 日在广场发现的第一个类行星谷神星。高斯用新方法精确地计算出这个天体的轨道，精确到 1801 年年底，在他给出的位置附近可以再次发现同样的小行星。像天体运动理论等与计算有关的研究报告于 1809 年发表，其中包括利用已知的轨道确定一个天体在任何给定时间的位置，并解决了从三个观测点寻找轨道的难题。为了使这样确定的轨道与更多的观测结果尽可能接近，高斯应用了他在 1795 年发现的方法。这样做的目的是把有助于确定未知量的观测结果结合起来，使观测中不可避免的误差对所要求的数值的影响尽可能小。为此，高斯提出了如下规则："据每个误差的值，将每个可能误差的矩乘以其概率，并将乘积相加，和的平均数就是误差。"高斯选择了平方作为误差的最简单的任意函数，它是误差的矩。拉普拉斯（Laplace）在 1812 年出版了一本有关高斯方法正确性的详细证明。

组合理论的基本表示形式是卡丹在 16 世纪发现的，但是关于这方面第一部伟大的作品要归功于帕斯卡（Pascal）。在这部作品中，他使用算术三角形来确定第 n 个类型的 m 个元素的组合数。莱布尼茨和雅可比·伯努利（Jacob Bernoulli）通过他们的研究提出了许多新的方法。在 18 世纪末期，这一领域被一些德国学者发展起来，兴登堡组合学派领导了这一领域的发展，其追随者促进了二项式定理的发展。在系统证明方面，兴登堡组合学派优于他们，他们把多项式分解为一类形式 $a + b + c + d \cdots\cdots$ 第二类形式 $+ bx + cx^3 + dx^4 \cdots\cdots$ 他们完善了已知的知识，并为许多定理提供了证明，但证明不充分，从而赢得了"组合分析理论创始人"的称号。

包括埃申巴赫（Eschenbach）、罗特（Rothe），尤其是普法夫（Pfaff）在内的联合学派，除了其杰出的创始人，他们创作了多种多样的文学作品，并因其杰出成果而受到尊重。但是，就其目标而言，它远远超出了由拉格朗日和拉普拉斯等法国数学家培育出的新颖而富有成果的理论的范围，以致它在数学的进一步发展中仍然没有影响力，至少在 19 世纪初是这样。

在无穷数列领域中，许多情况下可归结为几何数列，欧几里得研究过这种问题，阿波罗尼乌斯（Apollonius）研究得更多。中世纪没有增加任何实质性的进展，直到最近几代人才对这门数学的这一分支做出了重要贡献。圣文森特（Saint-Vincent）和墨卡托（Mercator）独立研究了 $\log(1 + x)$ 数列，格雷戈里（Gregory）研究了 $\tan^{-1} x$，$\sin x$，$\cos x$，$\sec x$，$\csc x$ 数列。在格雷戈里的著作中，在处理无穷数列时，也发现了"收敛"和"发散"的表达式。莱布尼茨通过思考有限算术数列而促进了无穷数列的发展。他同时认识到更深入地研究数列敛散性的必要性。牛顿也意识到了这种必要性，他在解代数和几何问题时，特别是在确定面积时，以类似于阿波罗尼乌斯的方式使用无穷数列，因而等同于积分。

雅可比和约翰·伯努利（John Bernoulli）对莱布尼茨提出的新思想进行了进一步的研究。雅可比找到了具有常数项的数列的和，约翰·伯努利提出了函数发展为无穷数列的一般规律。当时除了莱布尼茨提出的交错数列收敛准则，还没有精确的收敛准则。

在之后的几年里，无穷数列的形式处理取得了重要的进展。德·莫伊弗尔（DeMoivre）写了关于循环数列的文章，几乎完全揭示了它们的基本性质。泰勒（Taylor）和麦克劳林（Maclaurin）的密切相关数列出现了，麦克劳林对泰勒定理进行了严格的证明，提出了泰勒定理的许多应用，以及新的求和公式。欧拉在处理无穷数列方面拥有很高的技巧，但对收敛性和发散性几乎不感兴趣。他从二项式数列推导出指数，并且是第一个将有理函数发展成整数倍参数的正弦和余弦数列的数学家。使用这种方法，他用定积分定义了三角数列的系数，而没有将这些重要的公式应用到任意函数展开的三角数列。傅里叶（Fourier，1822）通过黎曼（Riemann）和柯西的研究率先完成了这项研究。狄利克雷（1829）使这一研究暂时告一段落，他用严格的方法为以后研究奠定了科学基础，并介绍了关于数列收敛性的一般性和复杂性的研究。从拉普拉斯开始，发展成为两个变量的数列，特别是递推数列。勒让德通过引入球面函数对数列理论进行了有价值的推广。

随着高斯开始在几乎所有的数学分支中用更加精确的方法研究这个问题，他建立了最简单的收敛准则，研究了余项，以及数列在收敛区域之外的延伸。著名的高斯数列如下所示：

$$1 + \frac{\alpha \cdot \beta}{1 \cdot \gamma}x + \frac{\alpha(\alpha+1)\beta(\beta+1)}{1 \cdot 2 \cdot \gamma(\gamma+1)}x^2 + \cdots,$$

欧拉已经研究过这个问题，但他并没有意识到这个问题的巨大价值。把此数列命名为"超几何"的概念，是 J. F. 普法夫（J. F. Pfaff）提出的，他认为这个概念适用于一般数列，在这个数列中，任何项的商除以前项的商都是指数的函数。继沃利斯之后，欧拉对于商是指数的整数线性函数的数列使用了相同的名称。可能是受到天文学应用的影响，高斯指出他的数列，通过假设某些特殊值的 α，β，γ，可以代替几乎所有已知的数列。他也研究了这个数列所代表的函数的基本性质，并提出了一般数列收敛的重要标准。我们感谢阿贝尔（Abel，1826）对数列连续性的重要研究。

一致收敛的概念起源于对数列在其不连续点附近的特征的研究，几乎由斯托克斯（Stokes）和塞德尔（Seidel）（1847—1848）同时表示出来。塞德尔表示，对于数列一致收敛，当它表示一个变量 x 的不连续函数时，这个变量 x 是连续的，但是在不连续性点的附近存在这样一个特征，即存在 x 的值，对于该值，数列如你期望的那样缓慢收敛。

由于没有真正领会高斯 1812 年回忆录的内容，发现收敛和发散的有效标准的时期可以说始于柯西（1821）。他的研究方法，以及拉伯（Raabe）、杜哈梅（Duhamel）、德摩根（De Morgan）、伯特兰（Bertrand）、邦尼特（Bonnet）和波克（Paucker）在 1832—1851 年发表的关于无穷正项数列的定理，提出了特殊的标准，因为它们通常将第 n 个术语与形式 a^n，n^k，$n(\log n)$ k 的特殊函数和其他函数进行比较。本质上更一般性的标准最早是由库默尔（1835）发现的，并由迪尼（Dini，1867）推广。迪尼的研究保留了一段时间，至少在德国，完全不为人知。六年后，保罗·杜·波戈斯—雷蒙德（Paul-duBois – Reymond）以与迪尼相同的基本思想为基础，根据通项 a_n 或 a_{n+1}，重新发现了意大利数学家的主要研究结果，更彻底地解决了这些问题，并从本质上把它们扩大到一级和二级的收敛和发散准则体系。保罗·杜·波戈斯–雷蒙德的研究结果已经完成，后来 A. 普林西姆（A. Pringsheim）证实了他的部分研究成果。

在完成了三次和四次代数方程组的求解之后，可以进行一般代数方程组的结构研究。塔尔塔格利亚（Tartaglia）、戈登（Cardan）和法拉利（Ferrari）为从二次方程的解到三次方程和四次方程的完全解奠定了基础。但是几个世纪之后，艾贝尔（Abel）才为高等方程的解答带来了一片光明。

韦达找到了一种与开方相关的解方程的方法，哈里奥特（Harriot）和奥特雷德（Oughtred）进一步研究了这种方法，但没有取得什么进展。哈里奥特的名字与另一个定理有关，这个定理包含一个代数方程的系数从它的根开始的形成规律，虽然这个定理最初是由笛卡儿（1683）完整阐述的，并证明了它的通用性。

由于缺乏确定高次方程的根的可靠方法，人们就试图尽可能缩小这些根的范围。伯恩（De Beaune）和弗兰斯·斯霍滕试图朝这个方向努力，第一个可用的方法可以追溯到麦克劳林（代数学，于1748 年出版，那时他已去世）和牛顿，牛顿将代数方程的实根限定在给定的极限之间。他们为了得到一个代数方程的通解，要么努力把给定的方程表示成若干个低次方程的乘积，这是赫德（Hudde）进一步研究的方法；要么通过提取平方根，把一个偶数次方程的次数减少到一个给定方程的次数的一半；牛顿使用了这个方法，但是他在这方面的成就很小。

莱布尼茨和牛顿一样，努力在代数方程理论方面取得进展。他在一封信中写道，他长期以来一直试图通过消除中间项并将其化为形式 $x^n = A$ 来找到任意次方的方程的无理根，并且他相信以这种方式可以实现 n 次一般方程的完全解。这种转换一般方程的方法可以追溯到豪森（Tschirnhausen），作为"新方法等"，1683 年在《莱比锡大学学报》上被找到。在方程

$$X^n + Ax^{n-1} + Bx^{n-2} + \cdots + Mx + N = 0$$

豪森令

$$y = \alpha + \beta x + \gamma x^2 + \cdots + \mu x^{n-1}$$

从这两个方程中消除 x 同样得到了 y 的 n 次方程，其中的待定系数 α，β，γ，……赋予 y 中的方程某些特殊的性质，例如，消去某些项。根据 y 的值就能确定 x 的值。使用这种方法，根据二次方程和三

次方程的解，就能求解三次方程和四次方程。但是，将这种方法应用
于五次方程，就会得到一个二十四次方程，五次方程的解就完全依赖
于它的解。

后来，也就是在 17 世纪末 18 世纪初，德拉格尼（De Lagny）、
罗尔（Rolle）、拉鲁布雷（Laloubère）、勒瑟尔（Leseur）试图通过
严格的证明来求解四次方程，但最后都失败了。欧拉在 1749 年解决
了这个问题。他首先试图用待定系数将 $2n$ 次方程分解成两个 n 次方
程，但他所得到的结果并不比他的前人更令人满意，因为用这种方法
得到一个 8 次方程，进而又得到一个 70 次方程。然而，这些研究并
非毫无价值，因为通过它们，欧拉发现了一个定理，即每一个偶数次
的有理整数代数函数都可以分解成二次的实因子。

在 1762 年的一部著作中，欧拉直接讨论了 n 次方程的解，根据
二次和三次方程，他推测第 n 次一般方程的根可能由具有从属平方根
的 $(n-1)$ 个 n 次根组成。他形成了这类表达式，还通过比较系数
来达到他的目的。如果方程低于四次，就可以使用这个方法。但是到
了五次方程，欧拉就被迫限制在特定的情况下，比如，他从

$$x^5 - 40x^3 - 72x^2 + 50x + 98 = 0$$

中得到的数值如下：

$$x = \sqrt[5]{-31 + 3\sqrt{-7}} + \sqrt[5]{-31 - 3\sqrt{-7}} +$$

$$\sqrt[5]{-18 + 10\sqrt{-7}} + \sqrt[5]{-18 - 10\sqrt{-7}}$$

与欧拉的这种尝试类似的是韦林（Warring，1779）的尝试，为

了解决 n 次方程 $f(x)=0$，他使

$$x = a^n\sqrt{p} + b^n\sqrt{p^2} + c^n\sqrt{p^3} + \cdots q^n\sqrt{p^{n-1}}$$

在清除根号之后，得到了一个 n 次方程 $F(x)=0$，并通过等同系数找到必要的方程来确定，b，c，$\cdots q$ 和 p，但是无法完成这个解。

贝祖还提出了一个方法。他从方程 $y^n - 1 = 0$，$ay^{n-1} + byn - 2 + \cdots + x = 0$ 中消去 y，得到 n 次方程 $f(x)=0$，然后得到等同系数。与韦林相比，贝祖解一般 5 次方程的能力并没有得到提高，但这个问题给了他改善消元法的动力。

豪森从他的变换开始，研究一般方程的根作为系数的函数。同样的结果可以通过另一种原则上没有差别的方法得到，即形成解决方案。通过这种方式，拉格朗日、马尔法蒂（Malfatti）和范德蒙（Vandermonde）分别取得了成果，并于 1771 年发表。拉格朗日的著作和丰富的材料阐述了所有当时已知的方程求解方法的分析，并解释了自己在解决四次以上方程方面的困难。除此之外，他还提出了确定根的极限和虚根的个数的方法，以及获得近似值的方法。

因此，所有在 19 世纪初提出的解决一般方程式的方法都收效甚微，尤其是在提到拉格朗日的研究时，蒙图克拉（Montucla）表示："所有这一切都是经过精心计算的，以冷却那些倾向于走这条新路的人的热情。难道一个人必须对这个问题的解决完全绝望吗？"

由于一般问题被证明是不能解决的，因此对特殊情况进行了尝试，并用这种方法得到了许多很好的结果。德·莫伊弗尔（De Moivre）得到了方程

$$ny + \frac{n^2 - 1}{2 \cdot 3} ny^8 + \frac{(n^2 - 1) \cdot (n^2 - 9)}{2 \cdot 3 \cdot 4 \cdot 5} ny^5 + \cdots = a$$

的解，对于 n 的奇数整数值，形式为

$$y = \frac{1}{2}^n \sqrt{a + \sqrt{a^2 + 1}} - \frac{1}{2}^n \sqrt{-a - \sqrt{a^2 + 1}}$$

欧拉研究了对称方程，并且贝祖推导了必定存在的 n 阶方程的系数之间的关系，以便将其转化为 $y^n + a = 0$。

高斯在分圆方程 $x^n - 1 = 0$ 的求解中提出了一个特别重要的步骤，其中 n 是一个质数。这类方程式与把圆周分成 n 个等份密切相关。如果 y 是半径为 1 的圆的内切正 n 边形的边，z 是连接第一个顶点和第三个顶点的对角线，那么

$$y = 2 \sin \frac{\pi}{n}, \; z = 2 \sin \frac{2\pi}{n}$$

然而如果

$$x = \cos \frac{2\pi}{n} + i \sin \frac{2\pi}{n}, \; \left(\cos \frac{2\pi}{n} + i \sin \frac{2\pi}{n} \right)^n = 1$$

那么方程 $xn - 1 = 0$ 就是正 n 边形构造的代数式。

高斯证明了如下一个非常普遍的定理："如果 n 是一个质数，并且如果 $n - 1$ 被分解成质数因子 a，b，c，$\cdots$，就会得到 $n - 1 = \alpha^\alpha b^\beta c^\gamma \cdots \cdots$ 然后，总有可能使 $x^n - 1 = 0$ 的解依赖于几个较低次方程的解，即 α 等于 a 次，β 等于 b 次方程等"，例如，方程 $x^{73} - 1 = 0$（将圆周分成 73 个等份）的解受三个二次方程和两个三次方程的影响，因为 $n - 1 = 72 = 3^2 . 2^3$。同样，由 $x^{17} - 1 = 0$ 导出了四个二次方

程，因为 $n - 1 = 16 = 2^4$，因此正 17 边形可以由初等几何构造，这是在高斯之前没有人能够预料到的事实。

帕克（Pauker）和厄金格（Erchinger）首先提出了由基本几何构成的正 17 边形的详细构造。冯·史陶特（Von Staudt）用一个值得注意的方式构造了相同的图形。

对于质数 n 具有 $2^m + 1$ 形式的情况，方程 $x^n - 1 = 0$ 的解取决于 m 个二次方程的解，其中在构造正 n 边形时只需 $m - 1$。应该注意的是，对于 $m = 2^k$（k 为正整数），$2^m + 1$ 可能是质数，但是，正如巴尔泽夫（R. Baltzer）指出的，不一定是质数。如果 m 是连续给定的

$$1, \ 2, \ 3, \ 4, \ 5, \ 6, \ 7, \ 8, \ 16, \ 2^{12}, \ 2^{28}$$

则 $n = 2^m + 1$ 得到的相应值为

$$3, \ 5, \ 9, \ 17, \ 33, \ 65, \ 129, \ 257, \ 65537, \ 2^{2^{12}} + 1, \ 2^{2^{23}} + 1$$

其中，只有 3，5，17，257，66537 是质数，其他的都是复合数。尤其是，n 的最后两个取值分别是 114689 和 167772161 这两个因子。因此，通过分别求解 7 或 15 个二次方程，可以将圆平均分成 257 份或者 65537 份，这是通过初等几何构造实现的。

由等式

$$255 = 2^8 - 1 = (2^4 - 1)(2^4 + 1) = 15 \cdot 17, \ 256 = 2^8,$$

$$65535 = 2^{16} - 1 = (2^8 - 1)(2^8 + 1) = 255 \cdot 257, \ 65536 = 2^{16}$$

由初等几何学可以很容易地看出，只用直边和圆规，圆可以分成 255，256，257；65535，65536，65537 等份。由于 $n = 2^{32} - 1$ 不是素数，因此这个过程不能不间断地继续下去。

通过初等几何构造正 65535 边形的可能性如下所示：

$$65535 = 255 \cdot 257 = 15 \cdot 17 \cdot 257$$

如果圆的周长是 1，那么：

$$\frac{1}{15} - \frac{1}{17} = \frac{2}{255}, \ \frac{1}{255} - \frac{1}{257} = \frac{1}{65535}$$

周长 $\dfrac{1}{65535}$ 可以通过初等几何运算得到。

高斯在他最早的科学著作，即他的博士学位论文中，提出了每个代数方程都有一个实根或虚根这一重要定理的第一个证明之后，他在 1801 年关于数论的伟大回忆录中提出了这样一个假想，即由根号无法解出比四次方程更高的一般方程。罗菲尼（Ruffini）和阿贝尔（Abel）为这一事实提供了严格的证明，正是由于这些研究，用代数方法求解一般方程的徒劳努力才告终。取而代之的是阿贝尔提出的问题："什么样的给定次数的方程可以有代数解？"

高斯的分圆方程就属于这种方程。阿贝尔为此做了一个重要的推广，即当一个不可约方程的两个根的一个根可以用另一个根表示时，只要方程的次数是质数，这个不可约方程就没有解，否则，这个解就取决于低次方程的解。

因此，阿贝尔方程又包含了一组代数可解方程。但是关于方程代数解的重要条件的问题，是由年轻的伽罗瓦（Galois）首先解答的，他的研究结果是定理："如果不可约方程的次数是一个质数，只要这个方程的根可以用它们中的任意两个合理地表示，那么这个方程只能用基数来解。"

阿贝尔的研究发生在 1824—1829 年，伽罗瓦的研究发生在 1830—1831 年。他们朝这个方向进行进一步研究的基本意义是一个无可争议的事实：关于一般类型的代数可解方程的问题只等待答案。

伽罗瓦在椭圆函数理论的模方程领域也获得了特殊荣誉，他提出了交换群的概念。这一创新的重要性，以及它发展成为一个正式的交换理论的重要性，正如柯西在《实验分析》中首次提出的那样，当他谈到"共轭替换系统"时，几何方法的思考就变得很明显。第一个例子是黑森（Hesse）在研究三次曲线的九个拐点时提出的。他们所依赖的九次方程属于代数可解方程类。在这个方程中，任意两个根和由它们决定的第三个根之间都存在一个代数关系，它表示九个拐点在十二条直线上以三比三排列的几何事实。克罗内克（Kronecker）、克莱因（Klein）、诺特（Noether）、厄米特（Hermite）、贝蒂（Betti）、塞雷特（Serret）、波因卡（Poincaré）、约旦（Jordan）、卡佩利（Capelli）和西洛（Sylow）对后来替换理论的发展做出了重要贡献。

近代的大多数代数学家都尝试解五次方程。在代数解的不可能性被知道之前，雅可比在 16 岁的时候就已经在这方面做出了努力，但是从五次方程的解与椭圆函数理论联系起来的时候起，才有了本质性的进展。利用豪森和 E. S. 布林（E. S. Bring, 1786）提出的变换，可以使五次方程的根仅依赖于一个单一的量，从而使得埃尔米特[①]提出的方程可以表示为 $t^5 - t - A = 0$ 的形式。利用黎曼（Riemann）的方法，可以推导出方程根对参数 A 的依赖关系；另一方面，利用幂的数列可以计算出这五个根的任意近似值。1858 年，埃尔米特（Hermite）和克罗内克（Kronecker）[②] 用椭圆函数求解了五次方程，但没有提出该方程的代数参考理论，而克莱恩（Klein）用二十面体理论提出了超越函数的最简可能解。

用超越函数解 $n > 4$ 的一般 n 次方程成为可能，其运算过程是：解低次方程；解具有已知奇点的线性微分方程；通过计算被积函数的分支点已知的超椭圆积分周期模来确定积分常数；最后计算多个变量的 θ 函数的特殊值。

在许多情况下，求代数方程完全解的方法是烦琐的；因此，接近实根的方法就显得十分重要，特别是在它们可以应用于超越方程的情况下。最普遍的近似方法是牛顿提出 [1669 年传授给巴罗（Barrow）] 的，不过哈雷（Halley）和拉夫森（Raphson）也提出了另一种方法。对于三次方程和四次方程的求解，约翰·伯努利在他的《积分学》一书中提出了一种有价值的求近似值的方法。更进一步的求近似值的方法来自丹尼尔·伯努利（Daniel Bernoulli）、泰勒（Taylor）、托马斯·辛普森（Thomas Simpson）、拉格朗日、勒让德、霍纳（Horner）等。

---

① 埃尔米特，法国数学家。
② 克罗内克，德国数学家，逻辑学家。

用图解和力学方法也可以得到接近方程的根。博伊斯（C. V. Boys）为此使用了一台机器，它由一系列杠杆和支点组成；库尼恩加梅（Cunynghame）使用了一个立方抛物线，在直线边上有一个切线标尺；C. 鲁施勒（C. Reuschle）使用了一个带有明胶片的双曲线，这样根就可以被解读为双曲线和抛物线的交点。类似的方法，特别适合于解三次和四次方程，它是由巴特尔（Bartl）、霍普（Hoppe），奥金豪斯夫（Oekinghaus）提出来的。拉兰（Lalanne）、麦克（Mehmke）也为这方面的发展做出了贡献。

对于方程的解法，在 17 世纪已经发明了一种算法——行列式算法，从那时起，这种算法在数学的所有分支中都占有一席之地。1693 年，莱布尼茨首次提出用这些规则计算集合体，现在称之为行列式［以柯西（Cauchy）命名］。

在形成含有 $n-1$ 个未知数的 n 个线性方程组的合式，以及含有一个未知数的两个代数方程组的合式时，他使用的是

$$
\begin{array}{cccc}
a_{11}, & a_{12}, & \cdots\cdots & a_{1n} \\
a_{21}, & a_{22}, & \cdots\cdots & a_{2n} \\
\cdot & \cdot & \cdot & \cdot \\
& & & \\
\cdot & \cdot & & \cdot
\end{array}
$$

克拉默（Cramer, 1750）被认为是第二个发明者，因为他开始开发一个计算行列式系统。进一步的定理归功于贝祖（1764）、范德蒙（Vandermonde, 1771）、拉普拉斯（Laplace, 1772）和拉格朗日

（1773）。高斯的作品《算术研究》（1801）取得了进一步的发展，这促使柯西进行了许多新的研究，特别是发明两个行列式相乘的一般定律（1812）。

雅可比凭借其"娴熟的技巧"，在行列式理论方面也做出了杰出的贡献，发展了一种被他称为"函数行列式"的表达式理论。这些行列式与微分商的类比使他得出了一个普遍的"最后一个乘数原理"，它在几乎所有的积分问题中都起了作用。黑塞认真细致地研究了对称行列式，其元素是几何图形坐标的线性函数。他通过变量的线性变换观察它们的关系，以及它们与由一个边界形成的行列式的关系。后来的讨论归功于凯莱关于斜对称行列式的研究，以及拿海纳（Nachreiner）和 S. 巩特尔（S. Günther）关于行列式和连分式之间的关系。

微积分的出现是这一时期最伟大的发现之一。这个发现最初出现在卡瓦列里（Cavalieri）的一本著作《不可分原理》（1635）中，他认为空间元素是下一个较低维度的无限多个最简单的空间元素之和，例如，一个实体是无限多个平面之和。这个方法的发明者充分认识到这个概念的危险性，于是帕斯卡第一个改进了它。他认为一个曲面是由无限多个无限小的矩形组成的，之后被费马和罗贝瓦勒（Roberval）改进，然而在所有这些方法中，都存在一个缺点，即所得数列的和很少能够确定。开普勒指出，函数只能在最大值或最小值附近略有变化。在这个思想的引导下，费马试图确定一个函数的最大值或最小值。罗贝瓦勒研究了绘制曲线切线的问题，通过两个运动的角点生成曲线来解决它，并将速度平行四边形应用于切线的构造。牛顿的老师巴罗（Barrow），把这些资料用于笛卡儿坐标。他选择了矩形作为速度平行四边形，同时像费马一样引入无穷小量作为因变量和自变量的增量，并用特殊符号表示。他还提出了一条规则，即在不影响计算结果有效性的情况下，与一次方相比，可以忽略无穷小量的高次方。但是巴罗不能处理涉及无限小量的分数和根号，于是他不得不求助于变换来消除它们。像他的前辈一样，他能够在较简单的情况下确定两个商的值，或无穷小量的和。这些问题的一般解是由微分学的创始人莱布尼茨和牛顿得到的。

莱布尼茨提出了无穷小量的微积分，它的概念已经被引入，更多的例子和更复杂情况的规则。根据旧方法求和，他推断微积分中最简单的定理，他把一个长 S 作为求和的记号写成

$$| \ x = \frac{x^2}{2}, \quad | \ x^2 \ \frac{x^3}{3}, \quad | \ (x + y) = | \ x + | \ y$$

因此，从总和∫的符号提升维数的事实出发，他得出结论：通过差异形成维数，必须降低维数，正如他在 1675 年 10 月 29 日的手稿中所写的那样，根据 $\int l = ya$，立刻得出 $l = \frac{ya}{d}$。

莱布尼茨通过几何方法来测试他的新方法的威力；例如，他试图确定曲线，而"在轴上截取法线末端随坐标而变化"，在此基础上，使横坐标 x 的算术比值增加，先用 $\frac{x}{d}$ 表示横坐标的常数差，后用 dx 表示横坐标的常数差，但没有详细说明这个新符号的含义。1676

年，莱布尼茨发展了他的新微积分学，使之能够解决其他方法无法简化的几何问题。然而，在 1686 年之前，他没有发表任何关于他的方法的文章，而雅可比·伯努利立即意识到了这种方法的重要性。

莱布尼茨在他的方法发展过程中未能解释的，也就是他所理解的无穷小量，被牛顿清楚地表达了出来，并确保了理论上的优越性。对于两个无穷小量的商，牛顿说它是一个极限值，当消失量的比值接近时，它们就变得越小。类似的问题适用于无穷多个这样的量之和。为了确定极限值，牛顿设计了一个特殊的算法——流数术，它本质上与莱布尼茨的微分学相同。牛顿认为变量的变化是一种流量，他试图确定变量随给定速度变化时函数变化的速度。这些速度被称为流量，用 x，y，z 来表示（代替莱布尼茨著作中的 dx，dy，dz）。数量本身被称为流，流数术的计算决定了给定时刻的速度，或者已知运动的速度，或者相反地寻求当速度规律给定时经过的路程。牛顿关于这个主题的论文《流数法和无穷数列》完成于 1671 年，在他去世后，1736 年首次发表。有些人认为牛顿是从纳皮尔的作品中借用了流体的概念。

根据高斯的说法，牛顿比莱布尼茨更值得信任。高斯认为牛顿有很高的天赋，然而，这种天赋没有真正发挥出来。从双方的角度来看，这种判断似乎没有什么根据。莱布尼茨没有给出令人满意的解释，这使得牛顿产生了极限的想法，这是他最重要的创新之一。一方面，牛顿在纯粹的分析过程中并不总是完全清楚的。莱布尼茨也值得高度赞扬，因为他引入了合适的符号 $\int$ 和 dx，并阐述了它们的使用规则。今天可以肯定地说微积分和积分学是牛顿和莱布尼茨各自独立发现的；牛顿无疑是第一个发现的人。另一方面，莱布尼茨受到牛顿的结果的刺激，但没有使用牛顿的方法，独立发明了微积分；最后，莱布尼茨优先发表了自己的观点。

新积分学的系统发展使人们对无限的概念有了更清晰的认识。对无限大的研究当然只是对解释自然现象的一时兴趣，但它与无限小的问题是完全不同的。无穷小在开普勒、卡瓦列里（Cavalieri）和沃利斯的著作中以不同的形式出现，本质上是"无穷小空值"，也就是说，作为一个比任何给定量都小的量，从而构成给定有限量的极限。欧拉的《不可分割论》系统地阐述了这一领域的研究。费马、罗伯瓦尔（Roberval）、帕斯卡，特别是莱布尼茨和牛顿，他们都在无限小的范围内研究。然而，这种简略的表达方式常常掩盖或至少掩盖了研究的真正意义。在约翰·伯努利、洛必达（Del'Hospital）和泊松（Poisson）的著作中，无穷小表示为一个与零不同的量，但它必须小于一个可赋值，例如，作为一个"伪无穷小"的量。通过主要与牛顿的流数相同的导数形式，拉格朗日试图完全避免无穷小，但他的尝试只是突出了对更深层次的无穷小理论的迫切需要，而 17 世纪的塔夸特（Tacquet）和帕斯卡，以及 18 世纪的马克劳林（Maclaurin）和卡诺（Carnot）已经为无穷小理论做了准备。我们对柯西的贡献表示感谢。在他的研究中，他清楚地确立了包含无穷小表达式的命题的意义，从而奠定了微积分的理论基础。

　　科特斯（Cotes）首先进一步发展了积分学，他展示了如何整合有理代数函数。勒让德致力于数列的集合研究，高斯致力于积分的近似求解，雅可比致力于多重积分的化简和计算。狄利克雷特别值得称赞的是他对定积分的概括，他的讲座显示了他对这一理论的极大喜爱。正是他把前人的零散结果组成了一个相互联系的整体，并用一种新颖而独创的整合方法丰富了这些结果。不连续因子的引入使他能够用不同的积分极限代替给定的积分极限，通常是无穷极限，而不改变积分的值。在更多最近的研究中，积分已经成为定义函数或生成其他函数的手段。

　　在微分方程领域值得一提的著作可以追溯到雅可比、约翰·伯努利和里卡蒂（Riccati）。里卡蒂的贡献主要是把牛顿的哲学引进了意大利。他还整合了在特殊情况下的以他的名义命名的微分方程，这个方程完全由丹尼尔·伯努利（Daniel Bernoulli）解出，并讨论了降低给定微分方程阶数的可能性问题。拉格朗日首先对这个理论做了详细的科学研究，特别是关于偏微分方程，其中达朗贝尔（D'Alembert）和欧拉处理了方程 $\dfrac{d^2 u}{dt^2} = \dfrac{d^2 u}{dx^2}$，拉普拉斯也写了这个微分方程，以及将线性微分方程解化为定积分。

　　在德国本土，高斯的朋友 J. F. 普法夫（J. F. Pfaff），同时也是当时最杰出的数学家，提出了一些关于微分方程的卓越的研究成果（1814，1815），这促使雅可比提出了"普法夫问题"。普法夫用一种新颖的方法发现了一阶偏微分方程对任意数目的变量的广义积分。

普法夫从蒙日（Monge，1809）在特殊简单情形下提出的 n 元一阶常微分方程的积分理论开始，提出了它们的一般积分，并将偏微分方程的积分看作一般积分的特殊情形。在这里，两个变量之间各阶微分方程的广义积分假定为已知。雅可比（Jacobi，1827，1836）还提出了一阶微分方程理论。这样的处理是为了确定未知函数，使包含这些函数和微分系数的积分按规定方式达到最大值或最小值。其条件是积分的第一变分消失，而第一变分又在微分方程中得到表达式，从而确定未知函数。为了能够区分是否真正有最大值或最小值出现，有必要把第二变分变成一种适合于研究其符号的形式。这就产生了拉格朗日无法求解的新的微分方程，而雅可比能够证明它们的积分可以从属于第一变分的微分方程的积分中推导出来。雅可比还研究了一个含有一个未知函数的简单积分的特殊情形，他的论断已被黑塞完全证明。克莱布施对第二变分进行了一般性的研究，他成功地证明了在多重积分的情况下，新的积分对于第二变分的还原是不必要的。克莱布施（1861，1862）遵循雅可比的建议，也通过使普法夫问题依赖于一个联立线性偏微分方程组而得到其解，该联立线性偏微分方程组的陈述不需要积分是可能的。在其他的研究中，最重要的一个是如下的方程理论，

$$\frac{d^2 v}{dx^2} + \frac{d^2 v}{dy^2} + \frac{d^2 v}{dz^2} = 0$$

这是狄利克雷在他关于潜力的研究中所遇到的，这个理论自从拉普拉斯（1789）以来就为人所知。近年来对微分方程的研究，特别是

福克斯（Fuchs）、克莱恩（Klein）和庞加莱（Poincaré）对线性微分方程的研究，与函数论、群论、方程论、数列论密切相关。

半个世纪以来，常微分方程理论已成为分析学最重要的分支之一，偏微分方程理论仍有待完善。一般积分问题的困难是如此明显，以致所有类型的研究者都把自己局限在某些给定点的邻域的积分的性质上。新的出发点最大的灵感来自福克斯的两本回忆录（1866，1868），一本是由托梅（Thomé）和弗罗贝尼乌斯（Frobenius）精心编写的著作……

"自1870年以来，李（Lie）的研究为整个微分方程理论奠定了一个更加令人满意的基础。他已经证明，那些被认为是孤立的老一辈数学家的积分理论，可以通过引入连续变换群的概念来指向一个共同的来源，并且允许相同的无穷小变换的常微分方程与积分一样困难。他还强调了接触转变的主题（触摸变换），这是现代理论的基础。……最近的作家们在蒙奇（Monge）和柯西的作品中也表现出同样的倾向，倾向于分成两个学派，以施瓦茨（Schwarz）、克莱恩（Klein）和古尔萨特（Goursat）为代表的人倾向于使用几何图形，而另一些人倾向于纯粹的分析，韦尔斯特拉斯（Weierstrass）、福克斯和弗罗贝尼乌斯（Frobenius）就是其中的一类。"

在微积分被发现后不久，即1696年，约翰·伯努利向他那个时代的数学家提出了这个问题：求一个物体在最短的时间内从一个给定点 A 落到另一个给定点 B 所遵循的曲线。这个问题来自光学中的一个例子，要求求一个积分最小的函数。惠更斯发展了光的波动理论，约翰·伯努利在明确的假设下发现了光线路径的微分方程。关于这样的运动，他又找到了另一个例子，发现摆线是捷线，也就是说，根据上面关于这个问题的陈述，直到 1697 年的复活节，才收到了来自牛顿、雅可比·伯努利和莱布尼茨的解决方案。只有雅可比·伯努利和莱布尼茨才把问题当作最大值和最小值之一来处理。直到拉格朗日时期，雅可比·伯努利的方法仍然是处理类似问题的常用方法，因此他被认为是变分法的创始人之一。当时所有要求给出函数的最大或最小性质的问题都称为等周问题。这是一类最古老的问题，尤其是从一类等周长的曲线中找出一条具有最大或最小性质的曲线的问题。在所有圆中，等周数字给出的最大面积最大，据说这是毕达哥拉斯发现的。在帕普斯（Pappus）的著作中，发现了一系列关于等边图形的命题。同样在 14 世纪，意大利数学家也在研究这类问题。但是变分法可以说是从约翰·伯努利（1696）开始的。它立即引起了雅可比·伯努利和洛必达侯爵的注意，但是欧拉首先阐述了这个主题。他首先用雅可比·伯努利的解析几何方法研究了等周问题，但是在研究这个问题八年之后，他在 1744 年用一种纯解析的方法得到了一个新的通解（在他著名的作品：《寻求具有某种极大或极小性质的曲线的方法》等中），这个解显示了函数的纵坐标是如何从曲线纵坐标的变化中得到最大或最小值的。拉格朗日（尝试新方法，1760年和 1761 年）通过假设积分的可变极限，完成了从欧拉及其前人的逐点变分到所需曲线的所有纵坐标同时变分的最后一个基本步骤。他的方法包含了为改变函数而引入的新特性，后来被用于欧拉积分。从那时起，变分法在解决曲率理论中的问题方面发挥了有价值的作用。

真正的函数理论，特别是椭圆函数和阿贝尔函数理论的起源可以追溯到法尼亚诺（Fagnano）、麦克劳林（Maclaurin）、达朗贝尔（D'Alembert）和兰登（Landen）。无理代数函数的积分，特别是那些涉及三次和四次多项式平方根的积分得到了研究，但是这些研究都没有包含一门主导整个代数学科的科学的开端。经过欧拉、拉格朗日和勒让德的研究，这个问题变得更加明确。在很长一段时间里，唯一已知的超越函数是圆函数（sinx，cosx……），常用对数函数，尤其是出于分析目的，以 e 为底的双曲对数，以及（包含在这里的）指数函数 e^x。但是随着 19 世纪的开始，数学家们一方面开始彻底地研究特殊的超越函数，正如勒让德、雅可比和阿贝尔所做的，另一方面发展复变函数的一般理论，在这个领域，高斯、柯西、狄利克雷、黎曼、刘维尔、福克斯、维尔斯特拉斯都获得了有价值的成果。

对椭圆函数感兴趣的第一个标志与双纽线弧的确定有关，因为这是在 18 世纪中叶进行的。法尼亚诺发现表示曲线弧的两个积分的极限之间存在一个简单性质的代数关系，其中一个积分的值是另一个积分的两倍。通过这种方法，双纽弧的弧可以像一个圆的弧一样被几何结构折叠或等分，欧拉解释了这一非凡的现象。他构造出了一个比法尼亚诺（第一类的所谓椭圆积分）更普遍的积分，并证明了两个这样的积分可以组合成同一类的第三个积分，因此这些积分的极限之间存在着一个简单的代数关系，就像两条弧的和的正弦等于分开的两条弧的正弦的和（加法定理）。然而，椭圆积分不仅取决于极限，而且取决于属于函数的另一个量，即系数。欧拉只把相同模的积分放在关系上，而拉登和拉格朗日考虑了那些不同系数的积分，并表明通过简单的代数变换可以把一个椭圆积分变成相同类的另一个椭圆积分。加法定理的建立将始终至少与欧拉通过引入虚指数量对圆函数理论的变换一样重要。

椭圆函数和 θ 函数的实理论起源于 1811 年至 1829 年。勒让德写了两本系统的著作，《积分练习》（1811—1816）和《椭圆函数论》（1825—1828），这两本都不为雅可比和阿贝尔所知。1829 年，雅可比发表了自己的著作《椭圆函数基本新理论》，其中的一些结果已被阿贝尔同时发现。勒让德认识到这些研究涉及一个新的分析分支，他为其发展认真投入了数十年。勒让德从取决于 x 中四次表达式的平方根的积分开始，注意到这样的积分可以简化为标准形式。$\Delta\psi = \sqrt{1 - k^2\sin^2\psi}$ 被替换为根，用三类本质上不同的椭圆积分被区分并表示为 $F(\psi)$，$E(\psi)$，$II(\psi)$。这些类取决于振幅和系数 k，最后一类也取决于参数 n。

尽管勒让德对椭圆积分进行了精彩的研究，但他的理论仍然有许多难以了解的地方。人们注意到，限制椭圆积分除法的方程的次数不等于部分的数目，如圆的除法，而等于其平方。这个问题和类似问题的解决方案留给了雅可比和阿贝尔。这两位杰出的数学家的众多创造性思想，尤其是同属于这两位数学家的思想，极大地推进了理论的发展。

首先，阿贝尔和雅可比彼此独立地观察到，把第一类的椭圆积分作为其极限的函数来研究是不适宜的，但是思考的方法必须颠倒过来，而且引入的极限是作为依赖于它的两个量的函数。换句话说，阿贝尔和雅可比引入了正函数而不是反函数。阿贝尔称它们为 φ，f，F，雅可比称它们为 $sin\,am$，$cos\,am$，$\triangle am$，或者，正如古德曼（Gudermann）所写的，sn，cn，dn。

第二个巧妙的想法是把虚数引入这个理论，这个想法既属于雅可比，也属于阿贝尔。正如雅可比自己所说，正是这种创新使得解开早期理论之谜成为可能。事实证明，这些新函数具有三角函数和指数函数的性质，三角函数只对实数有周期性，指数函数只对虚数有周期性，椭圆函数有两个周期。可以有把握地说，早在 19 世纪初，高斯就认识到了双周期原理，这一事实首先在阿贝尔的著作中得到阐明。

从这两个基本思想开始，雅可比和阿贝尔各自以自己的方式对椭圆函数理论做出了进一步的重要贡献。勒让德提出了一个椭圆积分到另一个同样形式的变换，但是他发现的第二个变换对雅可比来说是未知的，因为雅可比在经过重重困难之后达到了重要的成果：这类函数理论中的乘法可以由两个变换组成。阿贝尔致力于研究椭圆积分的除法和乘法问题。对双周期性的深入研究使他发现，只要完成假定完全积分的除法，给定极限的椭圆积分的一般除法在代数上总是可能的。这个问题的解被阿贝尔应用到双纽线上，证明了整个双纽线的除法与圆的除法完全类似，并且可以在同一情况下用代数方法进行。阿贝尔的另一个重要发现是，他允许多个参数的椭圆函数在由单个参数函数导出的公式中乘数将变成无穷大。由此导出了用无穷乘积或无穷级数的商表示椭圆函数的显式表达式。

雅可比在他的变换研究中假定，原变量可以合理地用新变量表示。然而阿贝尔进入这个领域时带有一个更普遍的假设，那就是在这两个量之间存在一个代数方程，他的研究成果是，这个更普遍的问题可以通过雅可比完全处理的特殊问题得到解决。

雅可比进一步深化了阿贝尔的许多研究。阿贝尔提出了一般除法的理论，但是实际应用要求形成某些根的对称函数，而这些对称函数只能在特殊情况下得到。雅可比解决了这个问题，因此可以立即获得所需的根函数，并且方法比阿贝尔更简单。当雅可比实现这个目标时，他独自站在这个广阔的新科学领域，因为不久之前，27 岁的阿贝尔去世了。

雅可比后来的努力最终使得 θ 函数被引入。阿贝尔已经把椭圆函数表示为无穷乘积的商。雅可比可以把这些结果看作某一个超验的特例，这是法国数学家在物理学研究中偶然发现的一个事实，却忽略了研究。他研究了它们的分析性质，把它们与第二类和第三类的积分联系起来，并特别注意到第三类的积分虽然依赖于三个元素，但可以用只包含两个元素的新的超越元素来表示。这个过程的执行使得整个理论具有高度的全面性和清晰性，使得椭圆函数 sn，cn，dn 可以用新的雅可比超越 Θ_1，Θ_2，Θ_3，Θ_4 表示具有公分母的分数。

阿贝尔在椭圆函数理论中所取得的成就是显而易见的，尽管这不是他最大的成就。阿贝尔的成就在代数领域和椭圆函数领域一样伟大，这一说法具有很高的权威性。但他最辉煌的成果是在以他的名字命名的阿贝尔函数理论中，该理论的第一次发展是在 1826—1829 年。"阿贝尔定理"的发现者提出了不同的形式，他的有关这方面内容的论文《关于很广一类超越函数的一个一般性质》在作者去世后获得了法国科学院的诺贝尔文学奖，其中包含了最普遍的表述。在形式上，它是积分学的一个定理，积分依赖于一个无理函数 y，这个无理函数通过一个代数方程 $F(x, y) = 0$ 与 x 联系起来。阿贝尔基本定理指出，这些积分之和可以用一定数目的类似积分的定数 p 来表示，其中 p 仅依赖于方程 $F(x, y) = 0$ 的性质［这个 p 是曲线 $F(x, y) = 0$ 的亏数，而亏数的概念最早可以追溯到 1857 年］。在这种情况下

$$y = \sqrt{Ax^4 + Bx^3 + Cx^2 + Dx + E}$$

阿贝尔定理促使关于两个椭圆积分之和的勒让德命题的形成。这里 $p = 1$。如果

$$y = \sqrt{Ax^6 + Bx^5 + \cdots + p}$$

其中 A 也可以是 0，那么 p 是 2，以此类推。对于 $p = 3$ 或大于 3，超椭圆积分只是类交换积分的特例。

阿贝尔去世之后（1829），雅可比对他 1832 年发表的著作进行了深入研究，证明了对于给定类的超椭圆积分，阿贝尔命题所应用的直接函数不是单变量函数，而是 p 变量函数，如椭圆函数 sn，cn，dn。对于 $p = 2$ 的情况，具有重要意义的其他论文分别是由 Rosenhain（1846、1851 年出版）和 Goepel（1847）撰写的。

黎曼的两篇文章是在高斯和柯西的著作基础上发展起来的，对函数完备理论的发展具有重要意义。柯西曾经通过严格的方法和虚变量的引入，为整个分析的本质改进和变换奠定了基础。黎曼在此基础上于 1851 年写作了《单复变函数的一般理论的基础》一书，六年后出版。对于阿贝尔函数的处理，黎曼使用了具有多个参数的 θ 函数，其理论基于复变函数论的一般原理。他从最一般形式的代数函数的积分开始，并考虑它们的反函数，即 p 变量的阿贝尔函数。然后将 p 变量的 θ 函数定义为 p – 元无穷指数级数的和，该级数的一般项除了依赖于 p 变量，还依赖于某些常数 $\dfrac{p(p-1)}{2}$，这些常数必须可约化为 $3p-3$ 模，但理论尚未完善。

从高斯和阿贝尔的著作以及柯西关于虚平面上积分的发展开始，出现一股强烈的研究趋势，其中包括魏尔斯特拉斯（Weierstrass）、G. 坎托（G. Cantor）、海涅、戴金德、P. 杜布瓦—雷蒙德（P. Du Bois – Peymond）、迪尼（Dini）、舍费尔（Scheeffer）、普林斯海姆（Pringsheim）、霍尔德（Hölder）、平凯莱（Pincherle）等人。这种趋势旨在摆脱对算术基础的批评，特别是通过基于函数论的非理性的新的处理，并考虑到连续性和不连续性。通过对收敛性和发散性的研究，同样考虑了级数理论的基础，通过引入中值定理，使微分学具有更高的精准度。

在黎曼之后，魏尔斯特拉斯、韦伯（Weber）、诺瑟（Nöther）、H. 斯塔尔（H. Stahl）、肖特基（Schottky）和弗洛贝纽斯（Frobenius）等人对 θ 函数理论做出了有价值的贡献。自黎曼以来，代数函数和点群理论已经从阿贝尔函数理论中分离出来，该理论是通过布里尔（Brill）、诺瑟和林德曼（Lindemann）的著作在剩余定理和黎曼—罗赫定理的基础上建立起来的，最近，韦伯和戴德金投身于理想数论的研究，该理论在狄利克雷的第一个附录中提出。近年来，函数一般理论发展得极为丰富，在数学科学的各个分支中取得了丰硕的成果，毫无疑问，这将为未来的研究奠定坚实的基础。

第四章 几何学

一、总论

　　最古老的几何学是在埃及人和巴比伦人中发现的。在第一个时期，几何学几乎完全是为了实用目的而服务的。几何学从埃及和巴比伦的祭司和学术阶层传播到希腊，并在这里开始了几何学发展的第二个时期，这是一个经典的几何观念的哲学概念时代，作为数学的一般科学的体现，它与毕达哥拉斯、埃拉托色尼、欧几里得、阿波罗尼斯以及阿基米德的名字息息相关。阿波罗尼斯和阿基米德的著作中的确讨论了直到现代才明确界定的定义。阿波罗尼斯在他的圆锥曲线中提出了第一个关于位置几何的实例，而阿基米德在很大程度上研究的是测量几何。

希腊几何学发展的黄金时代是短暂的，然而它并没有完全消失，继承者还记得亚历山大这些伟人们。接下来的一千多年是一个无趣的时代，只能借用希腊人所能理解的几何知识。如果历史没有被迫关注这些与过去和未来有关的模糊和非生产性时期，它们可能会在沉默中度过许多个世纪。在这第三个时期，首先是罗马人、印度教徒和中国人，他们按照自己的方式使用希腊几何学，而阿拉伯人成为古代经典和现代时代之间的桥梁。

第四个时期包括西方国家几何学的早期发展。在阿拉伯作者的努力下，很久以前的学术珍宝被带进了修道院，交到了新建立的学校和大学的教师手中，但还没有形成一个一般性的教学课程。这一时期最杰出的知识分子是韦达和开普勒。在他们的方法中，他们认为第五阶段是从笛卡儿开始的。在这一时期，强有力的分析方法如今已被引入几何学中，解析几何就此诞生了。它诱人的方法的应用几乎得到了 17 世纪和 18 世纪数学家的特别关注。然后，在所谓的现代或射影几何和曲面的几何学中，出现了一些理论，这些理论像解析几何一样，以一种几乎无限概括已知真理的方式远远超越了古人的几何学。

二、第一阶段　埃及和巴比伦时期

在阿默士为我们揭示埃及人的四则运算的那本书中，也有关于几何学的章节——简单曲面区域的确定，并附有图形，这些图形不是直线就是圆形，其中有等腰三角形、长方形、等腰梯形和圆形。矩形的面积是正确确定的，还有底边为 a 腰为 b 的等腰三角形的面积的量度为 $\frac{1}{2}ab$，对于上底和下底分别为 a' 和 a''，腰为 b 的等腰梯形，面积的表达式为 $\frac{1}{2}(a' + a'')b$。这些近似的公式被广泛使用，并且显然被认为是完全正确的。其中还有圆的面积，以及异常精确的 $\pi = \left(\frac{16}{9}\right)^2 = 3.1605$。

在几何构造问题中，一个突出的问题是它的实际重要性，即布置一个直角。这个问题的解决方法，在庙宇和宫殿的建造中是非常重要的，它属于索具的职业。他们用绳把绳结分成三段（也许与数字3，4，5对应），形成一个毕达哥拉斯三角形。

在巴比伦人当中，具有宗教意义的人物的建造促使一种正式的占卜几何学形成，它能识别三角形、四边形、直角、带有内接正六边形的圆，并将圆周划分为360°，以及一个值 $\pi = 3$。

在阿默士的著作中，人们可以找到一些立体测量的问题，例如测量粮仓的容积，但由于没有说明仓库的形状，因此从他的陈述中得到的信息并不多。

在投射方面，埃及的墙壁雕塑没有任何透视知识的证据。例如，在平面图中画了一个方形池塘，但里面图中增加了站在岸边的树木和抽屉，就像是从外面来的一样。

三、第二阶段 希腊

在对希腊几何学的研究中，到处都会出现这样的情况，仿佛这些研究以一种非常简单的方式与希腊人所不知道的著名定理联系在一起。至少它们似乎无法令人满意地建立起来，因为它们显然与其他事情无关。毫无疑问，造成这种情况的主要原因是古代数学家的一些重要著作丢失了。另一个同样重要的原因可能是口头传统传下了许多东西，而口头传统，由于大多数希腊活动所采用的僵硬和令人反感的方式，并不总是使所阐述的真理无可争辩。

我们在泰勒斯（Thales）的著作中发现了埃及几何学的痕迹，但是我们不能期望在那里发现埃及人所知道的一切。泰勒斯提到了关于垂直角的定理，等腰三角形底角的定理，从一条边和两个相邻角确定三角形的定理，以及半圆角的定理。他知道如何通过比较物体的影子和放在物体影子末端的一根棍子的影子来确定物体的高度，从而可以在这里找到相似性理论的起源。在泰勒斯的理论中，要么根本没有这些定理的证明，要么是在后来没有严格要求的情况下提出的证明。

在这方面，毕达哥拉斯和他的学派取得了重大进展。对他来说，毫无疑问的是，埃及"绳索担架"关于直角三角形的定理，他们在没有给出严格证明的情况下，知道了边为 3，4，5 的三角形。欧几里得定理是这个定理现存得最早的证明。在其他问题上，毕达哥拉斯自己和他的学生各有困难。勾股定理证明了平面三角形的角之和是两个直角。他们知道黄金分割，也知道正多边形，因为它们构成了五个规则体的边界。此外，人们还知道普通的星形多边形，至少是星形五边形。在毕达哥拉斯的面积的定理中，日晷起着重要的作用。这个词最初指的是垂直的标尺，它的影子表示时间，后来机械地表示直角。在毕达哥拉斯学派中，日晷是一个正方形从另一个正方形的角上取下后留下的图形。后来，在欧几里得经过类似的处理之后，日晷是一个平行四边形。毕达哥拉斯学派把垂直于一条直线的线称为"根据日晷指针指向的直线"。

　　但是几何知识已经超出了毕达哥拉斯学派的研究。据说阿纳克萨哥拉斯（Anaxagoras）是第一个试图确定面积的平方等于一个给定圆的面积的人。值得注意的是，像他的大多数继承者一样，他相信解决这个问题的可能性。赛诺皮德斯展示了如何从点到线绘制垂线以及如何在线的点上画出一个给定的角度。埃利斯的希比阿斯也同样寻求圆的求方，后来他尝试了一个角度的三等分，并为此构造了四边形。

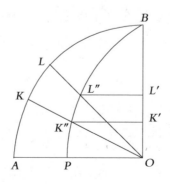

这条曲线描述如下：在被两个垂直半径 OA 和 OB 切断的圆周的一个象限上，存在点 A，$\cdots K$，L，$\cdots B$。半径 $r = OA$，以 O 点为圆心从 OA 位置均匀旋转到 OB 位置。同时，始终平行于 OA 的直线 g 以匀度从 OA 位置移动到 B 处与圆相切的位置。如果 K' 是移动半径落在 OK 上时 g 与 OB 的交点，那么过 K' 作与 OA 平行的直线 OK 交于割圆曲线上的一点 K''。如果 P 是 OA 与割圆曲线的交点，那么部分直接满足，部分出于简单的考虑，它会满足：

$$\frac{arcAK}{arcAL} = \frac{OK''}{OL'}$$

这是一个能解决任何角截面问题的关系式。进一步得到，

$$OP = \frac{2r}{\pi}, \quad 或 \frac{OP}{OA} = \frac{OA}{arcAB'}$$

由此可见，圆对求方取决于半径 OA 被割圆曲线的 P 点分割的比率。如果用初等几何构造这个比值，圆的求方就会受到影响。似乎割圆曲线最初是为了三分角而发明的，它与圆的求方之间的关系后来才被发现，正如斯特拉图斯所发现的那样。

圆的求方问题也出现在希波克拉底（Hippocrates）的著作中。他试图通过以圆弧为界的新月形图形来达到自己的目的。值得特别注意的是，他写了一本关于数学的基础书（该类书中的第一本），在书中，他用一个大写字母表示一个点，用两个大写字母表示一条线段，但我们无法确定谁是第一个引入这种象征主义的人。

柏拉图从哲学的角度加强了几何学的发展，他认为有必要通过引入分析方法来建立定义和公理，并简化研究者的工作。

欧几里得在他的《几何原本》的十三本书中系统地描述了初等几何领域所有早期研究的成果，这些结果丰富了他自己的劳动成果。这些成果不仅涉及平面图形，而且涉及空间图形和代数研究。"无论人们怎样赞美数学，赞美数学的力量，赞美数学表现的明晰度和严谨度，亚历山大的这部著作尤其如此。定义、公理和结论一环扣一环地连接在一起，形成一个链条，坚固而不灵活，具有约束力，但也冷酷而坚硬，排斥富有成效的头脑，不提供独立活动的空间。要欣赏这座希腊独创性的最伟大的纪念碑的经典之美，我们需要对它有一个成熟的理解。这不是渴望进取的年轻人的竞技场，吸引他们的行动领域更适合他们发现新的、意想不到的东西。"

《几何原本》的第一本书关于三角形和四边形的理论，第二本书将毕达哥拉斯定理应用到大量的结构中，真正的算术性质。第三本书介绍了圆，第四本书介绍了内接和外切多边形。借助线段解释的比例是第五本书的主要内容，并且在第六本书中发现它们在涉及图形相似性的定理的证明中的应用。第七、第八、第九、第十本，都与数论有关。这些书分别包含了数字的度量和除法，确定最小公倍数和最大公约数的算法、质数、几何数列和不可通约数（无理数）。接下来是立体测量学：第十一本书是直线、平面、棱柱；第十二本书讨论棱柱、金字塔、锥体、圆柱体、球体；第十三本书讨论由它们构成的规则实体的正多边形，欧几里得提出的正多边形数目肯定是五个。这部不朽作品的构成丝毫没有影响欧几里得所带来的荣耀，我们可以假定，个别部分是从其他人扎实的准备工作中产生的。几乎可以肯定第五本书的真实性，而欧多克萨斯（Eudoxus）似乎是真正的作者。

　　阿基米德的著作不是像欧几里得那样是总的汇编，而是一系列有价值的专著，阿基米德有权对他的几何作品有更详细的描述。在他对球体和圆柱体的研究中，他假定直线是两点之间最短的距离。在阿拉伯有一部阿基米德的小型几何著作，由十五个所谓的引理组成，其中一些引理在比较由直线和圆弧所包围的图形、三分角和确定交叉比率方面有价值。特别重要的是他对圆的测量，他表明 π 介于 $3\frac{1}{7}$ 和 $3\frac{10}{71}$ 之间。这和阿基米德用穷举法得出的许多其他结果一样，古代人通常用穷举法来代替现代综合法，所求出的数量（例如，以曲线为边界的面积）可以看作内接和外切多边形的面积的极限，该内接多边形和外切多边形的边的数量随着弧的二等分而不断增加，并且表明，通过此过程的无限连续性，两个关联的多边形之间的差异必须小于给定数值的任意一个较小的值。因此，这种差异实际上被耗尽了，并且通过耗尽获得了结果。

　　阿波罗尼斯发展了初等几何构造，他在解决问题中构造了一个与三个给定圆相切的圆，并系统地介绍了极限。这也出现在他的圆锥曲线部分更棘手的问题中，从中我们可以看到阿波罗尼斯不仅仅提出了一般解的可能性的条件，而且特别希望确定解的极限。

　　根据芝诺多罗斯（Zenodorus），关于等周的几个定理仍然存在；例如，他说圆的面积比任何等周正多边形的面积大，在所有边数相同的等周多边形中，正多边形的面积最大，等等。许普西克勒斯

（Hypsicles）把周长分成 360° 作为一种新的划分。海伦有一本关于几何学的书（根据制革厂所说，还有另一本关于欧几里得《几何原本》的注释），它以扩展的方式论述平面图形的测定。这里我们得到了边为 a、b 和 c 的三角形的面积的推导公式

$$\Delta = \sqrt{s(s-a)(s-b)(s-c)}$$

其中 $2s = a + b + c$。

在圆的测量中，我们经常发现 π 的近似值为 $\dfrac{22}{7}$，但是在《测量学》中，我们也发现 $\pi = 3$。

在基督教时代开始之后的一段时间里，几何学并没有什么大的发展。我们只是偶尔会发现一些值得注意的事情。塞伦斯（Serenus）提出了一个横截定理，它表示了谐波束在调和范围内被任意横截截断的事实。在《天文学大成》中出现了关于圆内接四边形的定理，通常被称为托勒密定理，以及一个用六十进制形式表示的 $\pi = 3.8.30$ 值，即

$$\pi = 3 + \frac{8}{60} + \frac{30}{60 + 60} = 3\frac{17}{120} = 3.14166\cdots\cdots$$

托勒密在一篇关于几何学的专门论文中指出，他并不认为欧几里得的平行线理论是无可争议的。

希腊几何学最后的支持者是塞克斯塔斯·朱利叶斯·阿弗里卡纳斯（Sextus Julius Africanus），他用类似的直角三角形来决定溪流的宽度，还有帕普斯（Pappus），他的名字因为他的《收藏》而广为人

知。这部作品原本有八本书，其中第一本完全丢失了，第二本大部分丢失了。这部作品呈现了作者那个时代享有特殊声誉的数学著作的实质内容，在某些地方还添加了推论。由于他的作品表达了他伟大的责任心，所以它已经成为研究古代数学史最可靠的资料来源之一。《收藏》的几何部分包含了关于两条线段之间的三种不同方式、等周图和圆的切线的讨论。它还讨论了圆的相似性。至少表明在同一方向或相反方向绘制的连接两个圆的平行半径末端的所有直线在中心线的一个固定点上相交。

希腊人不仅在初等几何领域做出了重要贡献，还是圆锥曲线理论的创造者。就像欧几里得一样，阿波罗尼奥斯（Apollonius）的名字一直备受争议。二次曲线理论不是从阿波罗尼斯开始的，就像欧几里得几何理论不是从欧几里得开始的一样，但《几何原本》对初等几何的意义，就像《圆锥曲线》的八本书对二次直线理论的意义一样。希腊文本中只保存了阿波罗尼奥斯圆锥部分的前四本书：后三本通过阿拉伯语翻译而为人所知；第八本书一直没有找到，尽管哈雷从帕普斯的参考中恢复了它的内容。第一本书处理圆锥的平面截面的圆柱体的形成，有共轭直径，有轴线和切线。第二本与渐近线有关。这些阿波罗尼奥斯曲线是通过在接触点处的切线上放置平行直径的一半长度并将其末端连接到曲线的中心而得到的。第三本书包含关于焦点和割线的定理，第四本书包含与圆锥形的圆和圆锥形的相交的定理。由此，阿波罗尼斯对圆锥的基本处理就结束了。下列书籍包含对前四本书中发展的方法的应用的特殊研究。因此，第五本书讨论了从一个点到圆锥曲线可以绘制的最大和最小线，以及在圆锥曲线平面中从给定点绘制的法线。第六本具有等长和相似的圆锥。第七本涉及直径为共轭边的平行四边形，以及共轭直径平方和定理。根据哈雷的说法，第八本书包含了一系列与第七本书的原理有着最密切联系的问题。

圆锥截面理论的发展首先归功于希波克拉底（Hippocrates）。他将倍立方简化为在两条给定的线段 a 和 b 之间的两个平均比例 x 和 y，因此得到

$$\frac{a}{x} = \frac{x}{y} = \frac{y}{b} \ 令 \ x^2 = ay, \ y^2 = bx, \ 得到 \ x^3 = a^2b = \frac{b}{a} \cdot a^3 = m \cdot a^3 。$$

阿契塔（Archytas）和欧多克索斯 19（Eudoxus）似乎通过平面构造发现了满足上述方程，但不同于直线和圆的曲线。梅纳莫斯寻求新的曲线，这些曲线已经为平面构造所熟知，以旋转圆锥的截面表示，并在这种意义上成为圆锥截面的发现者。他只采用了垂直于直圆锥体单元的截面；因此抛物线被指定为"直角锥体的截面"（其生成角为45°）；椭圆是"锐角锥体的截面"；双曲线是"钝角锥体的截面"。阿基米德也使用这些名字，尽管他知道这三条曲线可以组成任何圆锥体的部分。阿波罗尼斯首先提出了"椭圆""抛物线""双曲线"的概念。可能是梅内契缪斯（Menaechmus），但也可能是阿基米德通过面积之间的线性方程式 $y^2 = kxx_1$ 确定圆锥。这个半参数被阿基米德或者他的一些前辈称为"轴线段"，即从曲线顶点到其与圆锥轴线交点的圆轴线段。"参数"的命名是由代沙格（Desargues，

1639）提出的。

阿波罗尼斯用 $y^2 = px + ax^2$ 形式的方程表示圆锥曲线，其中 x 和 y 被看作平行坐标，每一项都表示为一个面积。根据这个方程，其他涉及面积的线性方程也被推导出来，因此属于解析几何的方程是通过使用平行坐标系得到的，该平行坐标系的原点由于几何原因成为可以通过互换而同时移动的轴。因此，我们已经发现了几乎两千年后才出现的解析几何的某些基本思想。

对圆锥曲线的研究一直持续到圆锥体本身，直到一个基本的平面性质使得其有可能在平面中进行进一步研究为止。这样，直到阿基米德时代，通过面积之间的线性方程，人们已经知道了许多关于共轭直径的重要定理，以及直线与这些直径作为轴线的关系已为人所知。还有所谓的牛顿幂定理，二次曲线通过给定方向上任意一点的两割线的矩形段成为一个常数比的定理，通过圆锥曲线的切线或与四条直线有关的轨迹生成圆锥曲线的定理，以及极点和极坐标的定理。但是这些定理总是只适用于双曲线的一个分支。阿波罗尼奥斯的一个有价值的贡献是将他自己的定理，以及那些已知的定理，推广到双曲线的两个分支。他的方法使我们有理由认为他是希腊圆锥曲线理论最杰出的代表，尤其是当我们从他的主要著作中可以看出，射影范围和射线理论的基础实际上是由一个命题在不同的定理和应用中奠定的。

随着阿波罗尼奥斯的研究，圆锥曲线理论领域的新发现时代走到了尽头。在以后的时间里，我们发现仅将已知定理应用于没有太大困难的问题。事实上，问题的解决在古希腊几何学中已经发挥了重要作用，这不仅提供了圆锥曲线的解释，而且也提供了比圆锥曲线更高阶的曲线的解释。事实上，许多问题由于其宝贵的价值而代代相传，并不断提供进一步研究的机会，其中三个问题由于其重要性而显得突出：倍立方，或者更一般的立方体的乘法运算，角的三分法和圆的四分法。这三个问题的出现对整个数学的发展具有重要意义。第一个问题需要解决一个三次方程；第二个（至少对某些角度）组成了数论的一个重要部分，即分圆方程，而高斯是第一个通过有限次数的运算表明，只有当 $n - 1 = 2^{2^p}$（p 为一个任意整数）时，才能使用直边和圆规构造一个 n 边正多边形。第三个问题延伸到代数领域，因为林德 – 曼在 1882 年证明了 π 不可能成为具有整数系数的代数方程的根。

立方的乘法，从代数方程式 $x^3 = \dfrac{b}{a} \cdot a^3 = m \cdot a^3$ 中确定 x。这也被称为迪林（Delian）问题，因为迪林人被要求将他们的立方祭坛扩建为原来的两倍。柏拉图、阿基塔斯（Archytas）和梅纳希姆斯专门研究了这个问题的解法，梅纳希姆斯（Menaechmus）利用圆锥曲线（双曲线和抛物线）解决了这个问题。埃拉托色尼为了同样的目的建造了一个机械装置。

在三等分角问题的解法中，阿基米德的方法值得关注。它提供了一个所谓的"插入"的例子，当用直边和圆规无法解决问题时，希腊人就使用这种方法。其过程如下：要求将圆心为 M 的圆弧 AB 分成

三等份。画出直径 AE，并通过 B 做一条割线，和圆周交于点 C，与

直径 AE 交于点 D，使 CD 等于圆的半径 r，然后弧 $CE = \dfrac{1}{3}AB$。

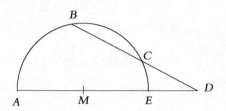

根据插入的规则，这一过程包括在直尺上量出一个长度 r，使其通过

点 B，而线段的另一个末端 D 沿直径 AE 滑动。通过移动直尺，我们

得到一个确定的位置，在这个位置上，线段 r 的另一端落在圆周上，

从而确定了 C 点。

　　帕普斯（Pappus）称，已经通过古人采用的圆锥曲线的方式解决

了这个问题。由于在阿波罗尼奥斯的著作中，二阶直线在很大程度上

消失了，二阶直线在问题的解决中得到了广泛的应用，因此圆锥曲线

常被称为与平面轨迹相对的实心轨迹，即直线和圆。接下来是线性位点，

这是一个包括所有其他曲线的术语，其中有大量的曲线被研究过。

　　这种轨迹的命名在帕普斯的著作中就能发现，他在他的第七本

书中表示，一个问题被称为平面、立体或线性问题，是因为它的解决

方案需要平面、立体或线性轨迹。然而，这些位点很可能是从问题中

得到它们的名字的，因此，在指定相应的位点之前，将问题划分为平

面、实体和线性。首先要注意的是，直到平面、立体和轨迹的术语被

使用之后，我们才听说过"线性问题和轨迹"。平面问题是那些在几

何处理中被证明依赖于分段之间的一次或二次方程的问题，因此可以通过简单地应用面积来解决，这是解决二次方程的希腊方法。依赖于线段之间三次方程解的问题促进三维形式的使用，例如，倍立方，也被称为立体问题；其解中使用的轨迹（圆锥曲线）是立体轨迹。在"平面"和"实体"的重要性被遗忘的时候，"线性问题"一词首先用于处理那些（通过"线性轨迹"）不再引发一次、二次、三次方程的问题，因此不能再表示为线段、面或体之间的线性关系。

在线性轨迹中，希比亚斯（Hippias）将割圆曲线［后来通过求圆的面积，将狄诺斯特拉托斯（Dinostratus）的名字与之联系起来］应用于角度的三分线。欧多克索斯（Eudoxus）熟悉由平行于地表轴线的平面构成的环面部分，特别是马头形或 8 字形曲线。阿基米德的螺旋线获得了特殊的声望。他对这些性质的阐述，与他对抛物线求面积的细致研究相比，是相当有利的。

柯农（Conon）已经通过一个点的运动产生了阿基米德螺旋线，该点沿着从中心 O 沿圆 k 的半径 OA 以均匀的速度后退，而 OA 同样绕 O 均匀旋转。但是阿基米德是第一个发现这条曲线某些美丽特性的人，他发现，如果在旋转一圈之后，螺旋线与 B 中半径 OA 的圆周 k 相交（其中 BO 与在 O 处的螺旋线相切），则 BO 和螺旋线所包围的面积域是圆周 k 的三分之一；此外，在 B 处螺旋线的切线在 O 处与 OB 的垂线切成等于圆 k 圆周的线段。

尼科美德（Nicomedes）唯一值得一提的发现是贝壳状结构的构造，他采用贝壳状结构来解决两个均值比例问题，或者等于立方的乘法，这等于是同一个问题。曲线是点 X 在一条移动的直线 g 上的几何轨迹，这条直线不断通过一个定点 P，并在 Y 中切出一条固定的直线 h，使得 XY 的长度不变。尼科美德还研究了这条曲线的特性，并构建了一种用直尺制成的仪器来进行力学描述。

戴克里（Diocles）的蔓叶曲线也可用于立方的乘法。它可以构造如下：从圆 k 的半径 OA 的端点 A 作割线 AC 交圆 k 于点 C，半径 OB 垂直于 OA 于点 D。X 在 AC 上，是蔓叶曲线上使得 $DX = DC$ 的一个点。吉米纽斯证明了，除了直线和圆，由阿契塔构造的普通螺旋具有嵌入性质。

随着平面几何学的发展，空间几何学首先发展为初等立体测量学，然后发展为二阶曲面的定理。关于 5 个规则体和相关外接球的知识可以追溯到毕达哥拉斯。根据洛克里的提迈乌斯（Timaeus）的说法，火是由四面体、八面体的气体、二十面体的水、立方体的土组成的，而十二面体构成了宇宙的边界。在这五个宇宙或柏拉图天体中，忒伊提图斯（Theaetetus）似乎是第一个发表相关论述的人。欧多克索斯（Eudoxus）指出，一个金字塔（或圆锥）是等底和等高棱镜的三分之一。在欧几里得《几何原本》的第十一、十二和十三章对普通立体测量学进行了总结性的讨论（详见 199 页）。阿基米德引入了十三种半规则体，即边界为两种或三种不同类型的正多边形的实体。除此之外，他还将球体的表面和体积与外接圆柱的相应表达式进行了比较，并推导出他所推崇的定理，甚至表达了将球体和外接圆柱切割在墓石上的愿望。在后来的数学家中，海普赛克尔斯（Hypsicles）

和海伦给人们提供了测量规则和不规则固体的实践。帕普斯（Pappus）还提供了某些立体测量的研究，我们特别提到，这些研究只是用子午线截面及其重心的路径来确定旋转体的体积。因此，他对后来的古尔丁定理的一部分很熟悉。

关于二阶曲面，希腊人知道旋转的基本曲面，即球面、右圆柱面和圆锥面。欧几里得仅处理旋转锥，阿基米德一般处理圆锥。此外，阿基米德还考察了"直角圆锥体"（旋转的抛物面）、"钝角圆锥体"（单片旋转的双曲面）和"长扁球体"（主轴和次轴旋转的椭圆体）。他确定了平面截面的特征和这些曲面的分段体积。阿基米德可能也知道，这些曲面构成了一个点的几何轨迹，这个点距固定点和给定平面的距离是恒定的。作为欧几里得的重要评论员，普罗克洛斯①（Proclus）认为，环面也是已知的——由半径 r 的圆环围绕其平面上的轴旋转而产生的表面，因此它的中心描述的是半径为 e 的圆环。对 $r=e$，$>e$，$<e$ 的情况也进行了讨论。

同样，希腊人用投射的方法也不陌生。据说阿那克萨哥拉斯（Anaxagoras）和德谟克利特（Democritus）已经知道消失点和还原定律，至少在最简单的情况下是如此。喜帕恰斯（Hipparchus）将天球从极点投射到赤道平面上，因此，他是立体投影的发明者，以托勒密的名字而闻名。

---

① 普罗克洛斯，雅典柏拉图学园晚期的导师，曾给《几何原本》作注。

四、第三阶段 罗马，印度，中国，阿拉伯

在古代，没有任何一个民族的几何学能像古希腊人那样达到如此高的地位。他们在这个领域的成就部分流传到了外国，却没有产生什么新的成果（算术计算可能是个例外）。从希腊人那里继承下来的东西常常没有得到充分地理解，因此仍然被埋藏在外国文学中。然而，从文艺复兴时代开始，特别是从笛卡儿时代开始，进入了一个拥有更多强大资源的全新时代，人们开始研究这些古代宝贵的知识，并开始做贡献。

罗马人对数学真理的独立研究几乎完全消失了。他们从希腊人那里得到的东西是专门为实用目的服务的。为此，欧几里得和海伦的部分著作被翻译成英文。为了简化测量员或农业测量员的工作，重要的几何定理被收集到一本更大的著作中，其部分内容被保存在阿塞里法典中。在维特鲁威（Vitruvius）关于建筑的著作（c – 14）中，我们发现了一个值 $\pi = 3\frac{1}{8}$，它虽然不如海伦的值 $\pi = 3\frac{1}{7}$ 准确，但更适用于十二进制系统。波伊提乌斯留下了一篇关于几何学的论文，但内容如此琐碎零散，以致我们可以断定，他使用了早期对希腊几何学的不完美处理。

虽然印度的几何学依赖于希腊人，但是由于人们的算术思维模式不同，它也有自己的特点。卡尔瓦苏特拉斯的某些部分是几何的。

埃及人已经知道绳子的拉伸方式，也就是说，他们要求将绳子分别由截分成长为 15 和 39 的两段，两端固定为 36 段（$15^2 + 36^2 = 39^2$），形成一个直角。他们还使用指时针处理图形的变换以及对给定方形的乘法运用勾股定理。代替圆的求积出现的是正方形的圆，即一个等于给定正方形的圆的构造。此处的直径等于正方形对角线的 $\dfrac{4}{5}$，因此跟随 $\pi = 3\dfrac{1}{8}$（罗马人使用的值）。在其他情况下，产生的结果为 $\pi = 3$。

阿耶波多（Aryabhatta）的著作包含了一些不正确金字塔和球体的测量公式（金字塔的体积 $V = \dfrac{1}{2}Bh$），但也包含了一些完全准确的几何定理。阿耶波多提出了 π 的近似值 $\left(\pi = \dfrac{62832}{20000} = 3.1416\right)$，布拉美古塔（Brahmagupta）教授测量几何或海伦几何，并熟悉三角形面积的公式，

$$\Delta = \sqrt{s(s-a)(s-b)(s-c)}$$

以及内接四边形的面积的计算公式

$$i = \sqrt{s(s-a)(s-b)(s-c)(s-d)}$$

他错误地将其应用于任何四边形。在他的作品中除了 $\pi = 3$，我们还发现了 $\pi = \sqrt{10}$，但是没有阐述这些值是如何得到的。巴斯卡拉同样只专注于代数几何。对于 π，他不但提出了希腊值 $\dfrac{22}{7}$ 和阿耶波多的值 $\dfrac{62832}{20000}$，也提出了 $\pi = \dfrac{754}{240} = 3.14166$。巴斯卡拉（Bhaskara）对几何解

释一无所知，他陈述了定理，加上数字，并写道："看哪！"

毫无疑问，巴斯卡拉为几何学从亚历山大到印度的传播做出了贡献，也许这种影响进一步向东扩展到了中国。在中国的一部大约在耶稣诞生几个世纪之后的数学著作中，勾股定理被应用于变成分别为 3，4，5 的三角形。图形的顶点用希腊字母表示；π 等于 3，到 6 世纪末，π 的值变为 $\frac{22}{7}$。

希腊几何学部分直接传入阿拉伯，部分通过印度传入。然而，经典的希腊原著作品所受到的尊重并不能真正弥补生产力的缺乏，因此阿拉伯人在理论几何学上，甚至在圆锥曲线的主题上，都没有超越希腊几何学的黄金时代所达到的高度。只有少数细节可以提及。花拉子米发现了一个勾股定理的证明，该定理只包括将一个正方形分割成八个等腰直角三角形。总的来说，花拉子米更多的是从希腊而不是印度数学中汲取灵感。欧几里得对四边形进行了分类，其计算是按照海伦的方式进行的。除了希腊的值 $\pi = \frac{22}{7}$，我们还发现了印度的值和 $\pi = \frac{62832}{20000}$ 及 $\pi = \sqrt{10}$。阿布瓦法（Abul Wafa）写了一本关于几何构造的书。在这里面发现了将几个正方形组合成一个正方形，以及在帕普斯方法之后构造多面体的方法。希腊式之后，角的三等分引起了塔比特·伊本·库拉（Tabit ibn Kurra）、阿尔·库希（Al Kuhi）和阿尔·萨加尼（Al Sagani）的注意。在后来的数学家中，把一个几何问题简化为求一个方程的解是很常见的。因此，阿拉伯人通过几何解法得到了一些优秀的结果，但这些结果在理论上并不重要。

五、第四阶段 从格伯特到笛卡儿

在西方国家中，我们在格伯特（Gerbert），也就是后来的西尔维斯特二世（Pope Sylvester II）的作品中发现了几何学的些许内容。他似乎依赖于法典，同时也提到了毕达哥拉斯和埃拉托色尼。除了像波伊提乌（Boethius）那样的实地考察，我们在这里几乎什么也找不到。更有价值的东西首先出现在 1220 年列奥纳多（Leonardo）的斐波那契《实用几何学》中，他的作品参考了欧几里得、阿基米德、海伦和托勒密的理论。在列奥纳多的书中，古人传下来的材料是相当独立的。因此，对圆的校正表明，这位数学家没有利用阿基米德的知识，而是利用 96 条边的正多边形确定值 $\pi = \dfrac{144}{458\frac{1}{3}} = 3.1418$。

由于古人没有建立适当的星形多边形理论，因此中世纪早期几乎没有这方面的研究也就不足为奇了。星形多边形最初只有一种神秘的意义，在黑色艺术中它们被当作五角星使用，也用在建筑和纹章上。巴斯的阿德拉德在他对欧几里得几何的评论中对星形多边形的研究做了更详细的介绍；这些数字的理论最早是由雷吉奥蒙塔努斯（Regiomontanus）开创的。

第一部德国数学著作是康拉德（Conrad）用中古高地德语写成的，大概是 14 世纪上半叶在维也纳完成的。第一个受欢迎的几何学介绍匿名出现在 15 世纪，介绍了六条简单的几何绘图规则。"一开始，包含了借助于直角三角形 *ABC* 构造垂直于 *AB* 的直线 *BC*，其中 *BE* 平分斜边 *AC*，操作如下：1. 首先要快速地画出一个直角。按照你的想法画两条相互交叉的线，交点为 *e*，然后把圆规的一只脚放在点 *e* 上，将圆规尽可能向外张开，在每一条线上画一个点。让这些字母 *a*，*b*，*c* 的距离相等，然后画一条从 *a* 到 *d*、从 *d* 到 *c* 的线。你就得到了一个直角，这是一个例子。"

这种构造直角的方法并不是欧几里得首先使用的，而是大约在公元 1500 年左右由普罗克洛斯（Proclus）首次使用的，使用范围比欧几里得使用半圆内接角的方法要广泛得多。据了解，亚当·里斯（AdamRiese）对这个构造方法的了解，让一位只知道如何用普罗克洛斯方法画出直角的建筑师感到丢脸。

德文中关于几何学的非常古老的印刷作品，有马蒂亚斯·罗里奇（Mathias Roriczer, 1486）的《费雷恩·费雷赫蒂卡特》和阿尔布莱希特·迪耶尔（Albrecht Düer）的《思想之歌》（Nnremberg, 1525）。马蒂亚斯·罗里奇对于哥特式建筑的一个特殊问题提出了相当不科学的规则，然而，《思想之歌》则是一部更具原创性的作品，因此更具有吸引力。

随着几何知识在德国的推广，魏德曼（Widmann）和施蒂费尔（Stifel）尤其受到关注。魏德曼的几何学就像欧几里得的《几何原本》一样，以解释开始："对位法是不可分割的小东西，角是由两条线构成的。"四边形有阿拉伯名字，这是古希腊科学在阿拉伯人的影响下传到西方的明显证据。然而，由罗马作家波伊提乌（Boethius），威德曼的研究被引入许多错误，例如，他提出边长为 a 的等腰三角形的面积为 $\frac{1}{2}a^2$。

在鲁道夫的《科斯》中，关于方幂理论，施蒂费尔（Stifel）偶尔会谈到一个主题，该主题首先在现代几何学中得到合理的估计，即承认三维以上是正确的。"然而，由于我们是在算术中被允许发明许多本来没有形成的东西，这也是被允许的，这是几何学不允许的，即假定实线和表面并超出立方体，就好像有超过三个维度，这当然是违背自然的。但是，由于《科斯》的迷人和美妙的用法，它使我们陶醉了。"

在托勒密方法之后，施蒂费尔扩展了正多边形的研究，在欧几里得方法之后，又扩展了正多边形的构造。他讨论了圆的求积公式，认为正多边形是一个有无穷多条边的多边形，并宣称求积公式是不可能的。根据一些人的理论，当正方形的对角线上有十部分，而圆的直径上有八部分时，就能得到圆的面积，即 $\pi = 3\frac{1}{8}$ 时。然而，这里明确指出，这只是一个大致的结构。我们应该知道求方，让一个圆等于一个正方形，这样圆和正方形的面积就相等，但是学者们还没有证明这一点。这仅仅是偶然的情况，因此在实践中它可能只是轻微的失败，如果有失败的话，它们可以被等同如下。

1584 年，西蒙·凡·德·埃克（Simon van der Eycke）在测量了这个圆后，提出了 π 的值 $\left(\pi = \frac{1521}{484}\right)$。通过计算正 192 边形，鲁道夫·

范·科伊伦（Ludolph van Ceulen，可能是 1585 年）发现 $\pi < 3.14205 <$ $\dfrac{1521}{484}$。西蒙·凡·德·埃克在他的答复中确定了 $\pi = 3.1446055$，于是 1586 年，鲁道夫·范·科伊伦计算出 π 在 3.142732 和 3.14103 之间。卢多夫·范·塞伦（Ludolph van Ceulen）的一篇论文中有 35 次提到了 π，这个值被刻在了他在莱顿圣彼得教堂的墓碑上（不再为人所知）。科伊伦的研究引导了惠更斯等人的进一步研究。利用快速收敛级数理论，首次使得 π 计算到 500 个以上的小数成为可能。

　　伴随着韦达和开普勒的活动，几何学开始复兴。随着这些研究者的出现，数学思想开始超越古人的著作中所论述的研究成果。韦达完成了柏拉图的分析方法，他以一种巧妙的方式讨论了二次和三次方程根的几何构造，他还以一种初等的方式解决了与三个给定圆相切的圆的问题。开普勒还获得了更重要的结果。对他来说，几何学提供了解开世界秘密的钥匙。他坚定地沿着归纳法的道路前进，他的几何研究完全符合欧几里得的理论。开普勒确立了"黄金分割"的象征意义，也就是欧德克索斯（Eudoxus）在欧几里得《几何原本》第六卷中提出的问题："用极值和平均比率来划分有限的直线。"在开普勒看来，这个问题非常重要，因此他表达了自己的观点："几何有两大宝藏：一个是毕达哥拉斯定理，另一个是一条直线的极值和平均比率的除法。毕达哥拉斯定理可以比作一大堆黄金，一条直线的极值和平均比率的除法可以称作珍贵的宝石。"

　　"黄金分割"一词的起源更接近现代。它没有出现在 18 世纪的任何一本教科书中，似乎是由普通算术的转换而来。在 16 世纪和 17 世纪的算术中，三个法则常常被称为"黄金分割"。自 19 世纪初以来，这一黄金法则在所谓的佩斯塔洛齐（Pestalozzi）学派的"分析"（Schlussrechnen）出现之前，已经被越来越多的人接受。因此，在 19 世纪中叶的初等几何学中，出现了"黄金分割"，而不再是算术所不知道的"黄金分割"，这可能与当代人努力将自然法则的重要性归因于这种几何结构有关。

开普勒以天文学的推测为依据，对正多边形和星形多边形进行了专门研究。他考虑了具有初等构造能力的正多边形系列，即边数为 $4 \cdot 2^n$，$3 \cdot 2^n$，$5 \cdot 2^n$，$15 \cdot 2^n$（$n = 0, 1, 2, \cdots, n$）的多边形系列，并指出仅靠直线和圆不能构造正七边形。此外，毫无疑问，开普勒很好地理解了阿波罗尼乌斯的圆锥曲线，并在利用这些曲线解决问题方面具有经验。在他的著作中，我们首先发现了圆锥曲线上那些在早期用法中被称为"焦点"的词；还有"离心率"一词，表示从焦点到中心的距离除以半长轴的长度；还有"偏近点角"一词，表示角 $P'OA$，其中 OA 是椭圆的半长轴，P' 是曲线上点 P 的纵坐标与椭圆的长轴相交的点。

在立体测量的研究中，开普勒所做的贡献在他同时代的人中也是卓越的。在他的《世界的和谐》（*Harmonice Mundi*）一书中，他不仅研究了五个正则柏拉图立体和十三个半正则阿基米德立体，还研究了十二个和二十个顶点的星形多边形和星形十二面体。除此之外，我们还发现圆锥体通过直径、切线或割线旋转所得到的固体体积的确定。卡瓦列里和古尔丁也做过类似的测定，卡瓦列里对穷举法进行了愉快的修改，古尔丁使用了帕普斯的规则。但帕普斯没有把它的规则准确建立起来。

在这一时期，已知的最古老的几何问题的解决方法只有一种，也就是使用圆规的开始，这种方法首次在施泰纳的《几何学结构》中有精确的科学表述，这本书是 1833 年出版的。这些结构的最初形态可以追溯到阿布勒瓦（Abul Wafa）时代。它们经由阿拉伯人传入意大利学校，在那里，它们出现在列奥纳多·达·芬奇（Leonardo）和卡丹的著作中。卡丹从塔尔塔利亚那里得到了灵感，塔尔塔利亚在与卡丹和法拉利的比赛中就使用了这种方法。它们也出现在卡丹的学生贝内迪提斯（Benedictis）的解决欧几里得问题（威尼斯，1553）的著作中，以及在杜勒建造的正五边形中。他在一本书中提出了正五边形的几何精确结构，同时也提出了一个固定半径的圆制成的相同图形的近似结构。

这种在 AB 上构造正五边形的方法如下：分别以 A 和 B 为圆心、以 AB 为半径构造两个圆，这两个圆交于 C、D 两点。以 D 为圆心、

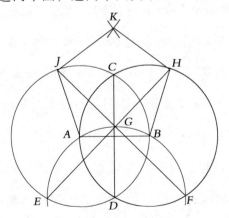

半径相同的圆与以 A 和 B 为圆心的圆分别交于点 E 和点 F，与圆 A 和圆 B 的共弦交于点 G。FG 交圆 A 于 J，EG 交圆 B 于 H。AJ 和 BH 就是正五边形的两边。（这个对称五边形的计算显示为 $HBA = 108°20'$，而正五边形对应的角度是 $108°$。）

在杜勒（Dürer）和他所有的后来者写下的几何构造规则中，我们发现了正七边形的一个近似构造：正七边形的一面是等边三角形的一半，而从计算出等边三角形的一半是正七边形的一面的 0.998。丹尼尔·施文特（Daniel Schwenter）在他的《几何学分形新论》（1625）中同样提出了只有一个圆规开口的结构。从迪伊尔的著作《中间曲线的理解》等书中可以明显看出，他曾多次被引用，在高阶曲线理论中也起到了决定性的作用。他提出了渐近线概念的一般概念，并发现某些循环曲线和蚌形线是高阶曲线的新形式。

从 15 世纪开始，投影法有了进一步的发展。在根特伟大的圣坛绘画中，简·凡·艾克（Jan van Eyck）利用了透视法则，例如，应用消失点，但是没有从数学角度掌握这些法则。这首先是由阿尔布雷希特·丢勒（Albrecht Durer）完成的，他在自己的一部著作中，利用视点和距离点展示了如何从地面平面和立面构建透视图。在意大利，建筑师布鲁内莱斯基（Brunelleschi）和雕塑家多纳泰洛（Donatello）发现了透视法。这个新理论的第一项研究是由建筑师莱昂·巴蒂斯塔·阿尔伯蒂（Leo Battista Alberti）完成的。他解释了透视图像为视觉光线金字塔和图像平面的交叉点。他还提到了一种构造它的工具，包括一个由线组成的二次网状结构的框架和绘图面上类似的线网。他还提出了他发明的距离点方法。皮耶罗·德拉·弗朗西斯卡（Piero della Francesca）使用了任意水平线的消失点，使这个过程得到了进一步的发展。

在德国纽伦堡充满热情地研究了透视法，金匠伦克（Lencker）在迪伊尔之后的几十年里对他的方法进行了扩展。法国第一个进行透视法研究的是艺术家卡森（1560），他在他的《视点与距离点》中使用了视点和距离点，除了水平线的消失点，还采用了皮耶罗的方式。很明显，圭多·乌巴尔迪（Guido Ubaldi）对任意方向的一系列平行线的消失点研究得更深。乌巴尔迪只是预示，而西蒙·斯蒂文（Simon Stevin）清楚地掌握了它的主要特征，在一个重要的定理中，他奠定了直射理论的基础。

六、第五阶段 从笛卡儿到现在

自阿波罗尼奥斯时代以来，已有许多世纪过去了，但没有人能达到希腊几何学发展的高度。这一方面是因为信息来源相对较少，而且是间接而困难地获得的，另一方面是因为人们不熟悉希腊的研究方法，他们对这些信息十分惊讶。笛卡儿摆脱了这种局部瘫痪的状态，摆脱了渴望解脱的无助的努力，提出了几何学。这不是简单地将相关的概念加入旧的几何学，而是把代数与几何学结合起来，从而产生了解析几何学。

许多数学家，首先是阿波罗尼奥斯，把最重要的初等曲线，即圆锥曲线，与它们的直径和切线联系起来，用面积之间的一次方程来表示这种关系，从而得到了横坐标和纵坐标相同的线段之间的某种关系。

在阿波罗尼奥斯的圆锥曲线中，我们发现了"ordinatimapplicatae"和"abscissae"的表达方式。费马称前者为"应用"，而其他人称之为纵坐标。自莱布尼茨（1692）时代以来，横坐标和纵坐标都被称为"坐标"。

在 14 世纪，我们在大学中发现一种坐标几何的研究对象，出现了"纬度""纵坐标"，很明显，这个专业术语是从天文学语言中借用来的。在这种实践中，奥雷斯姆（Oresme）把自己局限在第一象限，在那里处理直线、圆甚至抛物线，但总是只考虑坐标的正值。

在笛卡儿的前辈中，我们认为除了阿波罗尼奥斯，在这一领域最杰出的还有韦达、奥雷斯姆、卡瓦里埃里（Cavalieri）、罗伯瓦尔（Roberval）和费马，费马的贡献最突出。但即使是费马也没有尝试把多个不同次数的曲线同时引用到同一个坐标系，而该坐标系最多对于其中一条曲线具有特殊意义。笛卡儿系统地完成了这件事。

笛卡儿使算术定律服从于几何学的思想是由他自己以如下方式阐述的：

"所有的几何问题都可以归结成这样的术语，我们只需要知道某些直线的长度就可以构造它们。正如算术作为一个整体只包含四个或五个运算，即加、减、乘、除、开方，而开方可以看作一种除法，所以在几何学中，为了得到要知道的线，我们只需要增加或减少其他线即可。或者，有一条线我称之为单元（以便更好地把它称为数字），通常可以随意取用，有另外两个去寻找第四个，这个第四个对其中一个来说是单元，这个第四个和乘法是一样的；或者找到第四个，这个第四个对其中一个来说是单元，那个第四个和除法是一样的；或最终求出单位线和任何其他直线之间的一个或两个或多个平均比例，这与求出正方形、立方体……根的方法相同。我将毫不犹豫地把这些算术术语引入几何学，以便使我自己更容易理解。应该指出的是，通过 a^2，b^3 和类似量，我称它们为平方或立方，我理解为通常的简单线条，并且仅将它们称为正方形或立方体，以便采用代数的普通术语。"（a^2 是与单位数 1 和 a 的第三个比例，或者 $1:a = a:a^2$，类似地，$b:b^2 = b^2:b^3$。）

这种考虑算术表达式的方法尤其受到笛卡儿几何发现的影响。由于阿波罗尼奥斯已经用平行弦确定了圆锥曲线的点，以及从属于同一系统的切线到共轭直径方向的距离，所以笛卡儿认为曲线的每一点都是两条直线的交点。然而，阿波罗尼乌斯和他的后继者只是偶尔地应用这种平行线系统，其唯一的目的是以特殊的方式表示二次曲线的某些明确性质。相反，笛卡儿把这些平行线系统从曲线中分离出来，并赋予它们一个独立的存在性，从而得到曲线上每一点上给定方向的两段之间的关系，这不过是一个方程。对这条曲线性质的几何研究可以使用代数方法转化对方程的讨论来代替。确定曲线上一点的基本要素是曲线的坐标，从已知的很多定理中可以清楚地看出，平面上的一点可以用两个坐标固定，空间上的一点可以用三个坐标固定。

笛卡儿的《几何学》也许不是一篇关于解析几何的论文，而只是一篇概述这一理论基础简短的草图。本著作包含三本书，只有前两本涉及几何学，第三本是代数学性质的，包含通过一个简单的例子说明的著名符号规则，以及用圆锥曲线构造三次方程和四次方程的根。

正如笛卡儿自己所说，他的几何反射的第一个灵感来自找到一个与三条、四条或几条线有关的特定轨迹这一问题，根据帕普斯的说法，这个问题已经引起了欧几里得和阿波罗尼奥斯的注意。假设点 P 到直线 g_1，g_2，$\cdots$，g_n 的距离分别为 e_1，e_2，$\cdots$，e_n，我们将得到：

三条直线：$\dfrac{e_1 e_2}{a e_3} = k$，

四条直线：$\dfrac{e_1 e_2}{e_3 e_4} = k$，

五条直线：$\dfrac{e_1 e_2 e_3}{a e_4 e_5} = k$，

以此类推。希腊人首先用圆锥曲线提供了前两种情况的解法，这是表明这种新方法优点的最好例子。对于三条直线的情况，笛卡儿用 y 表示距离，用 x 表示这条线的垂足和一个固定点之间的对应直线的线段，这表明问题中涉及的其他线段都可以很容易地构造出来。他进一步指出："如果我们允许 y 以无穷小的增量逐渐增长，x 也会以同样的方式增长，我们就可以得到有关轨迹的无穷多个点。"

笛卡儿使我们逐渐熟悉了曲线，并对它进行了分类，使得第一和第二阶的曲线形成第一组，第三和第四阶的曲线形成第二组，第五和第六阶的曲线形成第三组，以此类推。牛顿是第一个调用曲线的人，曲线由 n 阶代数方程、平行坐标之间的维数、n 阶直线或 $(n-l)$ 阶曲线来定义。将曲线划分为代数曲线和超越曲线是由莱布尼茨引入的，以前，代数曲线被称为几何曲线，超越曲线被称为机械曲线。

在笛卡儿的应用中，切线问题十分突出。他用一种特殊的方法处理这个问题：在 P 点画了一条曲线的法线后，他描述了一个穿过 P 的圆，其中心在这条法线与 x 轴的交点处，并断言该圆在两个连续点上切下经过 P 处的曲线；也就是说，他陈述了在消去 x 后 y 中的方程式将有一个双根的条件。

接受笛卡儿坐标系的一个自然结果是接受代数方程的负根。这些负根现在有了真正的意义；它们可以得到体现，因此享有与正根相同的权利。

在笛卡儿之后的时期，卡瓦列里（Cavalieri）、费马、罗伯瓦尔（Roberval）、瓦利斯（Wallis）、帕斯卡和牛顿的研究推动了几何学的发展，这些工作最初并不是简单地应用坐标几何学，而是经常遵循古希腊几何学的方式，尽管其中一些方法实质上得到了改进。古希腊几何学尤其适用于卡瓦列里的不可分割方法，虽然后来被积分取代，但因为它专门服务于几何学而能找到一席之地。卡瓦列里喜欢研究古人的几何学。例如，他是第一个对帕普斯已经阐述的所谓指导原则提出令人满意的证明的人。他的主要努力是确定面积、体积及重心，为此目的，他对过去的方法进行了彻底改造。他早在 1629 年就掌握了卡瓦列里方法，即使在今天，这种方法也可以在基本情况下取代一般的积分，而且它的本质特征可以简单地被概述出来。

如果 $y = f(x)$ 是直角坐标系内的一条曲线，他希望确定以 x 轴为界的面积，x 轴是曲线的一部分，而坐标对应于 x_0 和 x_1。卡瓦列里将 $x_1 - x_0$ 分成 n 个等份。设 h 表示这样一个部分，并且设 n 是非常大。面积微元 $= hy = hf(x)$，整个面积是

$$\sum_0^{n-1} h \cdot f(x_0 + nh)$$

当 n 趋于无穷时，显然我们得到面积为

$$\int_{x_0}^{x} f(x)\, dx$$

但这并不是卡瓦列里想要确定的数量，他只计算所要求面积的一部分与以 $x_1 - x_0$ 为底、高度 y_1 的矩形面积的比率，因此要计算的数量如下：

$$\frac{\sum_0^{n-1} h \cdot f(x_0 + nh)}{n \cdot h \cdot f(x_1)} = \frac{\sum_0^{n-1} f(x_0 + nh)}{n \cdot f(x_1)}$$

卡瓦列里采取类比的方法推广这个公式，并将这个公式应用于 $f(x)$ 为 Ax^m（$m = 2$，3，4）的情况。公式被进一步扩展是由罗伯瓦尔（Roberval）、沃利斯和帕斯卡完成的。

在最简单的情况下，使用不可分割的方法得到下列结果。对于平行四边形，表面不可分的量或元素与基面平行；不可分的量的个数与高度成比例；因此，平行四边形面积的度量是基面和高度度量的乘积。相应的结论也适用于棱柱。为了比较三角形的面积与同一底面和同一高度的平行四边形的面积，我们将它们分解成与底面平行距离

相等的单元。然后，三角形的元素以最小的 1，2，3，…，n 开始；平行四边形的元素为 n，n，n……，因此得到这个比例

$$\frac{Triangle}{Parallelogram} = \frac{1 + 2 + \cdots + n}{n \cdot n} = \frac{\frac{1}{2}n(n+1)}{n^2} = \frac{1}{2}\left(1 + \frac{1}{n}\right)$$

当 n 趋向于 ∞，我们得到的值为 $\frac{1}{2}$，对于相应的立体，我们也能得到：

$$\frac{Pyramid}{Prism} = \frac{1^2 + 2^2 + \cdots + n^2}{n^2} = \frac{\frac{1}{6}n(n+1)(2n+1)}{n^3}$$

$$= \lim_{n=\infty} \frac{1}{6}\left(1 + \frac{1}{n}\right)\left(2 + \frac{1}{n}\right) = \frac{1}{3}$$

几十年过去了，卡瓦列里的这种解析几何方法被可以直接应用于任何情况的积分学抛在了后面。然而，一开始，以切线方法闻名的罗伯瓦尔追随了卡瓦列里的脚步。沃利斯同时使用了笛卡儿和卡瓦列里的研究成果，并特别考虑了方程为 $y = x^m$（m 为整数或分数，正数或负数）形式的曲线。他的主要贡献在于，在他的伟大作品中，他对笛卡儿的发现做出了恰当的评价，并使之更易于理解。在这部作品中，沃利斯还将二次曲线定义为圆锥曲线，以前从未有人这么明确地解释过。

帕斯卡被证明是卡瓦列里和德萨格的一个天才弟子。在他 1639 年的关于圆锥曲线的著作中（现已遗失，仅存片段），我们发现了帕斯卡的六边形定理，也就是他所称的神秘的六边形。1820 年，贝塞

尔在既不知道帕斯卡的早期工作，也不知道德萨格定理的情况下重新发现了这个定理，即如果一条直线切一个圆锥曲线交于点 P 和 Q，圆锥曲线内接四边形的四个顶点为 A，B，C，D，我们得到以下方程式：

$$\frac{PA \cdot PC}{PB \cdot PD} = \frac{QA \cdot QC}{QC \cdot QD}$$

帕斯卡的最后一部作品是关于一条曲线的，这条曲线被他称为轮盘线，被罗伯瓦尔称为轨迹线，后来又被称为摆线。鲍威尔（Bouvelles，1503）已经知道这条曲线的构造，上个世纪的冯·库萨（von Cusa）主教也知道这条曲线的构造。伽利略在 1639 年写给托里切利的一封信中指出，他（从 1590 年开始）详尽地研究了与桥拱结构有关的滚动曲线。摆线的求积和绕其轴线旋转所得体积的确定受到罗伯瓦尔的影响，也受到笛卡儿的切线构造的影响。1658 年，帕斯卡测出了摆线段的弧长、摆线面的重心以及相应的旋转体。后来，摆线出现在物理学中，称为"腕式摆线"和"恒定摆线"，因为它允许物体在最短的时间内从一个固定点滑到另一个固定点，同时使物质点总是在同一时间在上面振荡到最低位置。雅可比和约翰·伯努利等人提出了等周问题，但只有雅可比得到了严格的解决问题的方法，并得到了有价值的结果，而约翰·伯努利只是提出了一个不重要的简化。

帕斯卡研究后的几十年，人们将大部分时间都花在研究切线问题和相关的法线问题上，但与此同时，平面曲线的一般理论也在不断发展。巴罗（Barrow）提出了一种确定切线的新方法；惠更斯研究了曲线的演变，指出了确定切线半径的方法；麦克劳林（Maclaurin）构造了代数曲线在任意点的曲率圆。这一理论最重要的扩展体现在牛顿的《三次曲线枚举》（1706）中。这篇论文确立了代数曲线和超越曲线之间的区别，也对三阶曲线方程进行了详尽的研究，发现了许多这样的曲线，它们可以表示为五种类型的"阴影"曲线，这一结果涉及透视分析理论。牛顿知道如何用五条切线构造圆锥曲线。他在没有解析几何的情况下，努力研究"古人的方式"，发现了这个问题。他进一步思考了曲线在有限距离和无穷远处的多个点，并提出了研究曲线在其中一个点（"牛顿平行四边形"或"解析三角形"）附近的轨迹的规则，以及确定两条曲线在其共同点上的接触顺序的规则。（莱布尼茨和雅可比·伯努利也写过关于波动的文章，普吕克（1831）将两条曲线有共同的 k 个连续点的情况称为"k 点接触"，在同一种情况下，拉格朗日（1779）也提到了"第（$k-1$）阶接触"。）

牛顿的弟子科特斯（Cotes）和麦克劳林以及华林做了额外的工作。麦克劳林对三阶曲线的对应点进行了有趣的研究，结果表明这些曲线的理论比圆锥曲线的理论更加全面。同样，欧拉在他的论文《无穷小分析引论》（柏林，1748）中进行了这些研究，这些研究表明，由两条三次曲线的八个交点可以完全确定第九个交点。这个定理，包括二次曲线的帕斯卡定理，将点群或两条曲线的交点系引入几何中。1750 年，克拉默（Cramer）注意到了欧拉定理，他特别注意曲线在两条高阶代数曲线的交点上的奇异性，因此确定一条平面曲

线的点的个数与两条同阶曲线的独立交点数之间的明显矛盾被称为
"克拉默悖论"，这个矛盾在 1818 年用拉姆原理解决了，这是拉姆用
他自己的名字命名的原理。部分结合希腊几何的已知结果，部分独立
地研究了某些代数曲线和超越曲线的性质。如果我们用一个圆来代
替直线，那么形成的曲线就像尼科美德的螺旋线，这就是罗伯瓦尔所
称的帕斯卡蚶线。18 世纪的心形线就是这种螺旋线的一个特例。如
果对于两个不动点 A，B，一个点 P 满足距离 PA、PB 的线性函数为
常数，那么这个点 P 的轨迹就是一个笛卡儿椭圆。这条曲线是笛卡
儿在屈光学研究中发现的。如果 $PA \cdot PB$ 为常数，我们可以得到卡西
尼（Cartesian）的椭圆。卡西尼是路易十四时期的天文学家，他希望
把它看成行星的轨道，而不是开普勒的椭圆。在特殊情况下，卡西尼
的椭圆包含一个循环，雅可比·伯努利（1694）称之为双纽线。通
过对数曲线 $y = a^x$ 的研究，雅可比、约翰·伯努利、莱布尼茨、惠更
斯等人对不可伸展的柔性线的平衡曲线进行了研究。这为伽利略提
供了悬链线（1691）的想法。阿基米德发现的螺旋系群在 17 世纪和
18 世纪扩大了，增加了双曲线、抛物线和对数螺旋星系和科特斯的
里图斯号（1722）。1687 年，豪森定义了一条与希腊人不同的四边
形，作为点 P 的轨迹，它同时位于 $LQ | | BO$ 和 $MP | | OA$（OAB 是
一个象限）上，其中 L 沿着象限移动，M 沿着半径 OB 均匀移动。整
个曲线曲面系统都被考虑在内。这里对渐开线和渐屈线的研究，归功
于惠更斯、豪森、约翰·伯努利、莱布尼茨等人的研究。德萨格
（Desargues）于 1639 年提出了光线束穿过平面上的一个点和平面束

穿过空间直线的观点。

笛卡儿坐标方法在三维空间的推广受到了范·斯库腾（Van Schooten）、派伦特（Parent）和克莱劳特（Clairaut）的研究的影响。派伦特用空间点的三坐标方程表示一个曲面，克莱劳特关于双曲率曲线上的经典著作，以最本质的方式完善了这一新过程。将近三十年后，欧拉建立了曲面曲率的解析理论，并根据类似于平面几何中的定理对曲面进行分类。他提出了空间坐标变换公式，讨论了二次曲面的一般方程及其分类。毕奥（Biot）和拉克鲁瓦（Lacroix）提出了现在使用的术语"球面，双曲面，抛物面"，代替了欧拉取的名字。

某些特殊研究值得一提。1663 年，沃利斯（Wallis）研究了一个具有水平定向平面的圆锥面的平面截面，其母线与一条垂直定向直线和一个垂直定向圆相交，并对其体积产生了影响。雷恩（Wren）研究了双叶旋转双曲面（1669），他称之为"椭圆柱"。扭曲线的范围，希腊人知道拱门的共同螺旋线和形成阿基米德平面螺旋线对应的球面螺旋线，在直线上发现了一个延长线，在一个恒定的角度下切断了球面的子午线。努内斯（Nunez，1546）认识到这条曲线不是平面，斯内利乌斯（Snellius，1624）给它起了一个名字叫 loxodromia sphaerica。约翰·伯努利（1698）提出了曲面上两点之间的最短直线问题，这个问题在 19 世纪被称为"大地测量线"的扭曲线，他亲自提出并获得了很好的结果。在皮托（Pitot）1724 年（1726 年印刷）的《螺旋线》一书中，我们首次发现了"双曲线"的表达式，用于扭曲线。在 1776 年和 1780 年，莫斯尼耶（Meusnier）提出了关于直纹曲面的切平面的定理，以及关于曲面其中一点的曲率的定理，为曲面理论即将开始的强有力发展做好了准备。

还有一些属于这一时期的小研究值得一提。关于三角形内接圆和外接圆中心之间距离的代数表达式由威廉·卓比（William Chapple，约 1746）确定，之后由兰登（Landen，1755）和欧拉（1765）确定。1769 年，梅斯特（Meister）计算了多边形的面积，这些多边形的边被每两个连续的顶点限制、相交，使得周长包含一定数量的双点，并且多边形分割成具有简单或多个正或负面积的单元。关于这种奇异多边形的面积，莫比乌斯后来发表了研究报告（1827 年和 1865 年）。索林（Saurin）考虑了曲线在多点处的切线，切瓦（Ceva）从静态定理出发研究了几何图形的横截面。斯图尔特（Stewart）进一步推广了切瓦定理。柯特斯（Cotes）确定了从一个不动点计算出的 n 阶曲线的正割线段之间的调和平均值。卡诺（Carnot）还推广了横截理论。吕利耶（Lhuilier）解决了这个问题：在一个圆上刻画一个经过 n 个不动点 n 边的多边形。布里安桑（Brianchon）提出了涉及"内接六边形上与帕斯卡定理有关的圆锥曲线的外接六边形"的定理。这两个定理在球面上的应用受到了黑塞（Hesse）和泰尔姆（Thieme）的影响。在黑塞的著作中，一个帕斯卡六边形在球面上由六个点构成，这六个点位于球面与一个二阶锥面的交点上，其顶点位于球面的中心。学校的初等几何学通常采用的材料，除其他外，通过在以 K 命名的圆上的许多定理得到了扩展。W. 费尔巴哈（W. Feuerbach，1822），在一个三角形的对称线上，在格雷贝（Grebe）点和布罗卡

（Brocard）图形上（部分由克雷尔发现，1816；再次由布罗卡引进，1875）。

高斯使常规几何图形理论得到最重要的扩展，他发现了关于常规多边形初等构造的可能性或不可能性值得注意的定理。庞德索（Poinsot）阐述了正多面体理论，他对五个柏拉图天体，特别是"开普勒—庞德索高等正多面体"，即由二十面体和十二面体构成的四星多面体发表了看法。这些研究由维纳（Wiener）、埃塞尔（Hessel）和赫斯（Hess）继续进行，取消了某些限制，因此，可以将整个立体图形系列（在广义上可以视为规则的立体图形）添加到上述名称中。舍弗勒（Schlegel）、鲁德尔（Rudel）、斯丁汉（Stringham）、好博（Hoppe）及施莱格尔（Schlegel）等人已经对四维空间进行了相应的研究。他们已经证实，在这样一个空间中，存在着六个规则的图形，其中最简单的图形的边界是五个四面体，其余五个图的边界需要16或600个四面体、8个六面体、24个八面体、120个十二面体。还有值得注意的是，在1849年，棱柱被E. F. 奥古斯特（E. F. August）引入立体测量中，而舒伯特和斯托尔将阿波罗尼奥斯问题推广到能够给出与4个给定球相切的16个球的构造。

射影几何，被称为不精确的现代几何学或者位置几何学，实质上是19世纪的产物。笛卡儿的解析几何与莱布尼茨和牛顿创造的高等分析有关，在空间几何学领域创造了一系列重要的发现，但未能成功地获得一个令人满意的纯几何学定理的证明。然而，在构造图中发现了一个特殊几何特征之间的关系。牛顿建立了他的五种主要类型的三次曲线，其中剩下的 64 种类型可以看作投影，也给了同一方向的推动力。更为重要的是卡诺的前期工作，它为庞斯莱（Poncelet）、查斯（Chasles）、施泰纳（Steiner）和冯·施陶特（von Staudt）的新理论的发展铺平了道路。正是他们发现了"充溢着深奥而优雅的定理的泉水，这些定理以惊人的技巧结合成一个有机的整体，形成了射影几何的美丽大厦，特别是参考了二次曲线理论，可以看作科学有机体的理想"。

射影几何学最早出现在法国，是在蒙热（Monge）的几何描述中发现的，他具有惊人的想象力，在几何画法的支持下，发现了许多适用于空间图形分类的曲面和曲线的性质。他的作品"为几何学创造了前所未有的几何普遍性和几何概念"，他的作品的重要性不仅是射影理论的基础，也是曲面曲率理论的基础。为了将虚数引入纯粹几何，蒙热同样提出了第一个想法，而他的学生高缇耶扩展了这些研究，定义两个圆的自由轴作为同一个正割穿过它们的交叉点，无论是真实的还是想象的。

因此，蒙热学派的成果与纯几何学的关系比笛卡儿的解析几何学派更为密切，主要包括一系列新颖有趣的关于二阶曲面的定理，因此属于同一领域，在蒙热之前，雷恩（Wren，1669）、派伦特和欧拉已经进入了这个领域。蒙热没有轻视分析方法，这一点从他的作品《分析在几何中的应用》（1805）可以看出，正如普吕克（Plücker）所说："他将直线方程引入解析几何中，从而为从中排除一切结构奠定了基础，并提出了它一种新形式，使进一步的扩展成为可能。"

当蒙热投入三维空间的研究工作时，卡诺特（Carnot）正在专门研究横断面切割图形的大小比率。因此，通过引入负数，为位置几何学定位奠定了基础，但与今天的位置几何学关系并不相同。对于小学几何，这不是最重要的，但最值得注意的贡献是卡诺的完全四边形和四边形。

蒙热和卡诺特已经消除了阻碍几何学在自己领域上自然发展的障碍，现在可以肯定，这些新的想法会在准备充分的土地上迅速发展。庞斯莱提供了种子，他在 1822 年发表的著作《投影图的本体性质》研究了投影中保持不变的图形的性质，即它们的不变性。这里的投影不像蒙热那样，通过给定方向上的平行光线，而是通过中心投影，在透视方式之后进行。通过这种方式，庞斯莱在对平面图形的考虑中引入了透视轴和透视中心（根据同调中心、透视轴和透视中心），德萨格已经建立了基本定理。塞尔沃斯（Servois）在 1811 年使用了直线的极点，而在 1813 年，热尔贡（Gergonne）用了术语"点的极点"和"二重性"，但庞塞莱特（Poncelet）在 1818 年提出了拉希尔（Lahire）在 1685 年所做的一些观察。在圆锥曲线中极性和极性的相互对应的基础上，提出了一种将图形转换成互易极性的方法。盖尔戈恩在这个互易极性理论中认识到这一原理，韦达、兰斯伯格（Lansberg）和斯内利厄斯（Snellius）从球面几何中知道它的起源。他称之为"对偶原理"（1826）。1827 年，盖尔戈恩将平面曲线的阶次与同级的阶次的概念相关联。当平面的直线将其切割成 n 个点时，该线为 n 阶；当从平面中的某个点可以绘制 n 条切线时，该线为

n 阶。

在法国，只有查斯一个人对这一理论的发展深感兴趣，而在 19
世纪的第三个十年，这一新理论在德国得到了最为快速的发展，几乎
与此同时，三位伟大的研究者莫比乌斯、普利克和施泰纳也参与了这
一理论的研究。从这时起，施泰纳、冯·斯陶特和莫比乌斯所遵循的
综合性和更具建设性的趋势，与普利克、黑塞、阿隆霍德和克莱布什
特别发展的现代几何学的分析性方面出现了分歧。

1827 年的《重心计算》提供了第一个均匀坐标的例子，随之而
来的是迄今为止解析几何所不知的公式的对称性。在这个演算中，莫
比乌斯首先假设三角形 ABC 平面上的每一个点都可以看作三角形的
重心。在这种情况下，存在对应权的点，这些点恰好是点 P 相对于
基本三角形 ABC 的顶点的齐次坐标。通过这种算法，莫比乌斯用代
数方法发现了一系列几何定理，例如那些表示不变性质的，比如关于
交叉比的定理。他还试图用几何的方法来证明这些通过分析找到的
定理，为此，他引入了"符号定律"，用 A、B、C 表示一条直线上的
点，$AB = -BA$，$AB + BA = 0$，$AB + BC + CA = 0$。

独立于莫比乌斯，但基于相同的原则，贝拉维蒂斯采用了他的新
的等值论几何方法。沿相同方向绘制的两条相等且平行的线 AB 和
CD 被称为等势线（用凯莱的符号 $AB \equiv CD$）。通过这种假设，整个理
论被简化为考虑从固定点出发的分段。此外，假设 $AB + BC \equiv AC$（加
法）。最后，对于线段 a，b，c，d 具有固定轴倾斜度 α，β，γ，δ 的

方程，方程式 $a \equiv \dfrac{bc}{d}$ 不仅必须是长度之间的关系，而且还必须表明

$\alpha = \beta + \gamma - \delta$（比例），对于 $d = 1$ 和 $a = 0$，这将成为 $a \equiv bc$，即长度为

$a = bc$ 的绝对值的乘积，同时 $\alpha = \beta + \gamma$（相乘）。因此，等值只是两

个物体相等的特例，适用于线段。

莫比乌斯进一步介绍了两个几何图形的对应关系。一对一的对

应关系，其中第一个图形的每一点对应第二个图形的一个且只有一

个点，第二个图形的每一点对应第一个图形的一个且只有一个点，称

为共线。他不仅建立了一个共线图的平面，而且还建立了一个普通的

空间。

莫比乌斯在《重心演算》中提出的这些新的基本思想长期以来

几乎被忽视，因此并没有立即进入几何概念的形成阶段。通过普吕克

和施泰纳的努力，找到了一片更有利的环境。施泰纳已经在直接的几

何知觉中认识到他所知道的充分的手段和唯一的对象。另外，普吕克

在解析运算和几何构造的同一性中寻求证明，并把几何真理看作解

析关系的许多可想象的类型之一。

在后来的时期（1855），莫比乌斯进行了高级对合的研究。第 m

级的这种对合有两组点，每组包含 m 个点：A_1，A_2，$A_3 \cdots A_m$；B_1，

B_2，B_3，$\cdots B_m$. 用第一、第二、第三……一组第 m 个点，作为第一

个图形的点，依次对应第二、第三、第四……第 m、同一组的第一个

点作为第二个图形的点，具有相同的确定关系，以这样的方式来确定

两个图形。庞塞莱（1843）早已研究过高阶对合，他从施图尔姆

（1826）提出的定理开始，即通过圆锥曲面的二次曲线 $u = 0$，$v = 0$，$u = \lambda v = 0$，以对合的方式在一条直线上确定六个点 A，A'，B，B'，C，C'，即在 $ABCA'B'C$ 和 $A'B'C'ABC$ 系统中，不仅 A 和 A'、B 和 B' 是对应的点对，C 和 C' 也是对应的点对。一条直线上的三个相互对应的点对已经被德萨尔格（1639）称为"对合"。

普吕克（Plücker）是现代分析学的真正奠基人，他通过"对二元性原则进行分析性阐述并遵循其结果"而获得了这一殊荣。他的《分析学》出版于 1828 年，这部著作为几何学创造了符号表示法和待定系数的方法，在考虑两个数字之间的相互关系时，这种方法不必涉及坐标系，因此他可以处理这些数字本身。1835 年的《解析几何体系》除了充分应用缩略符号，还提供了三阶平面曲线的完全分类。在 1839 年的代数曲线理论中，除了对四阶平面曲线的研究，还出现了平面曲线的普通奇点之间的解析关系，一般称为普吕克方程。

这些普吕克方程起初只适用于四个对偶对应的奇点（拐点、双点、拐切线、双切线），凯莱将它们推广到具有更高奇点的曲线。借助于级数的发展，他导出了四个"等价数"，使我们能够确定一个高阶奇点吸收了多少奇点，以及如何修改曲线缺失的表达式。凯莱的结果在诺瑟、泽森、哈尔芬和史密斯的著作中得到了证实、扩展和完成。布里尔研究了凯莱方法用于这一问题所引起的基本问题，即在普吕克方程和亏量方程相同的情况下，是否可以从具有较高奇异性的曲线中导出具有相应初等奇异性的曲线，以及通过什么样的参数变化可以导出具有相应初等奇异性的曲线。

　　普吕克最伟大的贡献包括引进直线作为一个空间元素。二元性原理使他除了引入平面上的点之外，还引入了直线，并在空间中引入了平面作为决定元素。普吕克在空间上也用直线来系统地构造几何图形，他在这方面的第一部作品于 1865 年提交给伦敦的皇家学会。它们包含有关复形、同余式和直纹曲面的定理，并对证明方法做了一些说明。进一步的发展出现在 1868 年，作为新的空间几何学，它是基于直线作为空间元素的观点。普吕克本人曾研究过线性复合体，但他完成的二度复合体理论却因他的去世而中断。克莱因对这一理论做了进一步的推广。

　　普吕克最后的作品中所包含的结果给平面和立体几何之间的区别带来了一片光明。平面的曲线看起来像是一个简单的无限系统，要么是点，要么是直线；在空间中，曲线可以被看作点、直线或平面的一个简单无限系统；但从另一个角度来看，空间中的曲线可以被它是回归边的可展曲面所代替。空间曲线和可展曲面的特殊情况是平面曲线和圆锥。另一个空间图形，即一般曲面，一方面是点或平面的双重无限系统，但另一方面，作为复杂的三次直线无限系统的特例，即曲面的切线。作为特例，我们有斜曲面或直纹曲面。除此之外，同余看起来是一个双倍的、复杂的、三倍的、无限的直线系统。空间几何学涉及许多平面几何学无法比拟的理论。在这里，空间曲线与可能穿过它的曲面之间的关系，或者空间曲线与曲面之上的扭曲线之间的关系。对于曲面上的曲率线，平面上没有对应的线，与把直线看作平面上两点之间的最短直线的观点相反，在空间上有两种全面而困难的理论，即给定曲面上的测地线理论和给定边界的最小曲面理论。扭曲线的解析表示问题有着特殊的困难，因为只有当曲线是两个曲面的完全相交时，这样的曲线才可以用坐标 x，y，z 之间的两个方程来表示。在这个方向上，诺瑟、哈尔芬和瓦伦丁的现代研究有所发展。

1832 年，在对普吕克进行几何分析研究四年之后，斯坦纳（Steiner）发表了他的作品《几何形的相互依赖性的系统发展》。斯坦纳发现，圆锥曲线的整个理论集中在一个定理（二元类比）中，即圆锥曲线是由两支直线或射影铅笔相交而成的，因此二阶曲线和曲面的理论基本由他完成，因此注意力可以转移到高阶代数曲线和曲面。斯坦纳自己也遵循了这个过程，并取得了良好的效果。这一点可以从"斯坦纳表面"和 1848 年发表在柏林的一篇论文中看出。在这一点上，相对于曲线的极点理论得到了详尽的论述，因此，平面曲线的几何学理论得到了发展，格拉斯曼（Grassmann）、查尔斯（Chasles）、乔奎尔（Jonquières）和克雷莫纳（Cremona）的研究进一步扩展了这种理论。

斯坦纳和普吕克的名字也与一个问题联系在一起，这个问题最简单的形式属于初等几何，在它的推广过程中进入更高的领域，这就是马尔法蒂（Malfatti）问题。在 1803 年，马尔法蒂提出了以下结论：从一个直角三棱柱体上切下三个圆柱体，圆柱体的高度应与棱柱体的高度相同，圆柱体的体积应尽可能大，因此移除后剩余的质量应最小。他把这个问题归结为现在通常所说的马尔法蒂问题：在一个给定的三角形上刻上三个圆，使每个圆都与三角形的两边和其他两个圆相切。他根据三角形的半周长 s，内接圆的半径 p，三角形顶点到内接圆中心的距离及切点到边的距离 a_1，a_2，a_3，b_1，b_2，b_3，计算所求圆的半径 x_1，x_2，x_3，并得到：

$$x_1 = \frac{\rho}{2b_1}(s + a_1 - \rho - a_2 - a_3)$$

$$x_2 = \frac{\rho}{2b_2}(s + a_2 - \rho - a_3 - a_1)$$

$$x_3 = \frac{\rho}{2b_3}(s + a_3 - \rho - a_1 - a_2)$$

他没有给出完整的计算，但他加入了一个简单的结构。斯坦纳也研究了这个问题，他提出了一个结构（没有证明），证明了问题有三十二个解，并将问题进行推广，用三个圆代替了三条直线。普吕克也考虑了同样的推广。除此之外，斯坦纳还研究了同样的空间问题：关于二阶曲面上的三个给定的二次曲线，以确定另外三个二次曲线，每个二次曲线应分别与两个给定的二次曲线和两个所需的二次曲线接触。这个一般问题得到了谢尔巴赫和凯利的解析解，也得到了克莱布希借助椭圆函数加法定理的解析解，而平面上更为简单的问题则得到了格尔冈（Gergonne）、莱姆斯（Lehmus）、克雷尔（Crelle）、格鲁内特（Grunert）、舍夫勒、谢尔巴赫（Schellbach，他给出了一个特别漂亮的三角解）和佐勒等的各种研究。宾德（Binder）提出了斯坦纳构造的第一个完全令人满意的证明。

斯坦纳之后是冯·斯托德（Von Staudt）和查尔斯（Chasles），他们在射影几何的发展中做出了卓越的贡献。1837 年，米歇尔·查尔斯（Michel Chasles）出版了一部将古代和现代方法结合起来的著作，推导出许多有趣的结果。其中几个最重要的，包括交叉比（卡斯勒的"诙谐"）和倒数及共线关系（卡斯勒的"二元性"和"单应性"）的引入，部分是斯坦纳完成的，部分是莫比乌斯完成的。

冯·斯托德的《几何位置》于 1847 年问世，这是他对形式几何学的贡献。1856—1860，这些作品与斯坦纳和卡斯勒的作品形成鲜明对比，他们不断地处理度量关系和交叉比，而冯·施陶特则试图解决"使位置几何学成为一门独立的科学，不需要测量"的问题。施陶特发展了所有的定理，这些定理不直接涉及几何形式的大小，都可以完全的解决，例如，将虚数引入几何的问题。可以肯定的是，庞塞莱特（Poncelet）、查尔斯（Chasles）和其他人的早期作品使用了复杂元素，但没有清楚地表达它们的定义，例如，并未将共轭复杂元素分开。冯·斯托德将复元素确定为对合关系的双元素，每个双元素的特征在于，通过这种关系，我们从一个元素传递到另一个元素。然而，冯·斯托德的这一建议并没有取得一定的成果，它被保留用于以后的工作，以通过扩展最初狭窄的概念而广为人知。

在贝特里奇，冯·斯托德还展示了第一类素数形式的任何四个元素的交叉比（由施陶特的 Würfe），用于如何从纯几何中导出绝对数。

与射影几何联系最为紧密的是现代画法几何。射影几何在发展过程中从透视的角度出发汲取了第一力量，现代画法几何在发展过程中随着射影几何学的成熟而不断丰富自己。

　　文艺复兴时期的透视法是由法国数学家特别发展起来的，首先是德萨格（Desargues），他在物体的图形表示中使用坐标，使得两条轴位于图形平面上，而第三条轴与图形所在的平面垂直。然而，德萨格的结果更重要的是理论而不是实践。泰勒用"线性透视法"（1715）获得了更有价值的结果。在这里直线是由它的轨迹和消失点决定的，平面是由它的轨迹和消失线决定的。这种方法被兰伯特巧妙地用于不同的建筑，因此，到了18世纪中叶，即使是一般位置的空间形式也可以用透视描绘出来。

　　从18世纪的角度来看，"画法几何"首先出现在弗雷泽（Frezier）的一部作品中，除了实用的证明方法，它还包含一个特殊的理论部分，为所考虑的图形方法的所有案例提供了资料。即使在"描述"或"表示"中，弗雷泽也用垂直的平行投影替换中心投影，"垂直平行投影可以用墨水滴来表示。"投影平面的图片称为地平面或高程，因为该图片平面是水平或垂直的。借助这个"描述"，他表示平面、多面体、二次曲面以及这些图形的相交和展开。

　　自蒙热以来，画法几何学一直被视为一门独特的科学。在地球仪里描述（1795）形成了画法几何的基础支柱，因为它们用地线引入水平和垂直平面，并展示如何用两个投影表示点和直线，以及用两个迹线表示平面。接下来是大量的相交、接触和由具有多面体的平面和二阶曲面的组合而产生的交集。蒙热继任者拉克鲁瓦（Lacroix）、阿谢特（Hachette）、奥利维尔（Olivier）和 J. de la Gournerie 将这些方法应用于二阶直纹曲面以及曲线和曲面的曲率关系。

就在这个时候，画法几何的发展在法国取得了第一个显著成绩，技术高中应运而生。1794 年，巴黎公共交通学院成立，1795 年，综合理工学院从此诞生。1806 年在布拉格，1815 年在维也纳，1820 年在柏林，1825 年在卡尔斯鲁厄，1827 年在慕尼黑，1828 年在德累斯顿，1831 年在汉诺威成立了更多的技术学校，这些大学逐渐获得了大学排名。1832 年斯图加特，1860 年苏黎世，1862 年不伦瑞克，1869 年达姆施塔特以及 1870 年艾克斯 – 哈佩勒。在这些机构中，射影几何学的结果在画法几何学的发展中发挥了最大的优势，并以最合乎逻辑的方式加以阐述费德勒的著作和手册，一部分是原著，一部分是英译本，在科学文献中占有显著地位。

与画法几何的技术意义有着密切联系的一个艺术方面的发展，尤其标志着在轴测学（Weisbach，1844）、浮雕透视、摄影测量和照明理论的进展。

本世纪（19 世纪）的第二个二十五年标志着几何结构相关的形式理论的发展带来了新的重要成果。黑塞（1837—1842）一方面受到雅可比的激发，另一方面受到庞塞莱和斯坦纳的激发，通过应用齐次形式的变换处理了二阶曲面理论并构造了它们的主轴。他把"极三角形""极四面体""共轭点系"等概念引入解析关系的几何表达中。除此之外，还增加了三个二次曲面的第八个交集的线性构造，其中七个曲面是给定的，以及使用斯坦纳定理，从九个给定点线性构造一个二次曲面。克莱布什追随英国数学家西尔维斯特、凯利和萨尔蒙，他的作品在本质上比黑塞的更进一步。他对不变量理论的巨大贡献，他提出的曲线亏格的概念，他把椭圆函数和阿贝尔函数理论应用于几何学，以及有理曲线和椭圆曲线的研究，使他在推进发展科学的人中占有突出的地位。作为一种代数工具，克莱布希和黑塞一样，对行列式乘法定理在边行列式中的应用有着浓厚的兴趣。他关于代数曲线和曲面的一般理论的研究始于确定直线在上有四点接触的代数曲面上的那些点，Salmon 也处理过这个问题，但处理得没有那么彻底。

具有 27 条直线系统的三阶曲面理论在英国取得了长足的发展，克莱布希承诺使"缺陷"的概念在几何学上富有成果。这种概念的分析特性对于阿贝尔来说并不为人所知，最早是在黎曼（Riemann）的关于阿贝尔函数的研究论文（1857）中发现的。克莱布希还谈到了具有 d 个双点和 r 个拐点的 n 阶代数曲线的不足，并确定了数 $p = \frac{1}{2}(n-1)(n-2) - d - r$。一类以 p 的定值为特征的平面或高切曲线，属于那些可以通过有理变换而相互转换的曲线，或具有任意两条曲线具有一对一或一一对应的性质的曲线。因此遵循这样一个定理：只有那些具有参数同为 $3p - 3$ 的曲线（对于三阶曲线，相同的一个参数）才能合理地相互转换。

凯莱使扭曲线的困难理论第一次取得了一般性的成果，他得到的公式与普吕克的平面曲线方程一致。莫比乌斯、查尔斯和冯·斯塔德已经出版了关于三阶和四阶扭曲线的著作。近年来，关于扭曲线的一般性观察可在诺瑟和哈尔芬的定理中找到。

计数几何的基础是在查尔斯（Chasles）的特征方法（1864）中

找到的。为一维的有理构型确定了一个对应公式，它在最简单的情况下可以表述如下：如果两个点 R_1 和 R_2 的范围在一条直线上，那么对 R_1 的每个点 x，一般来说存在 R_2 中 α 个点 y，再到 R_2 的每个 y 点，总是对应 R_1 中的 β 个点 x，由 R_1 和 R_2 构成的构型有 $\alpha+\beta$ 个重合点或有 $\alpha+\beta$ 个点 x 与对应点 y 重合的时刻。1866 年，凯莱将查尔斯（Chasles）对应原理归纳推广到高亏曲线的点系，并且这种扩展得到了布里尔（Brill）的证明，这些枚举公式的重要扩展（对应公式），与一般代数有关。布里尔（Brill）、祖森（Zeuthen）和赫维茨（Hurwitz）提出了曲线，并通过引入缺陷的概念以优雅的形式提出了这些曲线。舒伯特（Schubert，1879）在《计数几何的计算》中对计数几何的基本问题进行了扩展处理，以确定给定定义的几何构型满足够多的条件。

一对一对应或统一表示的最简单情况是由两个相互叠加的平面提供的。这些是庞塞莱特研究的相似性，以及莫比乌斯（Plücker）、马格努斯（Magnus）和夏斯莱处理的归类。在这两种情况下，一个点对应一个点，一条直线对应一条直线。波克来特（Poncelet）、莫比乌斯、马格努斯、斯坦纳（Steiner）从这些线性变换转移到二次曲面，他们首先研究了两个独立平面之间的一一对应关系。"斯坦纳投影"（1832）使用了两个平面 E_1 和 E_2，以及两条不共面的直线 g_1 和 g_2。如果我们通过 E_1 或 E_2 的一个点 P_1 或 P_2 画一条直线 x_1 或 x_2，这条直线切割 g_1 和 g_2，并确定 X_1 或 X_2 与 E_1 或 E_2 的交点，则是 P_1 和 X_1，以及 P_2 和 X_2 对应的点。以这种方式，一个平面上的每条直线对应另一个平面上的一个二次曲线。在 1847 年，普吕克已经确定了一张双曲面上的点，就像在平面上固定一个点一样，被两个生成元切断的部分通过两个固定生成元的点。这是平面上二阶曲面的统一表示的一个例子。

1863 年，查尔斯研究了任意二阶曲面与平面的一一对应关系，这项工作标志着适当的曲面表示理论的开始，当克雷布施和克雷莫纳于 1930 年独立并成功地表示了三阶曲面时，该理论得到了进一步的发展。凯莱、克莱布希、罗莎妮和诺塞推广了克雷莫纳的重要结果，最后我们得到了一个重要定理，即每一个前后一致的克雷莫纳变换都可以通过多次二次变换的重复来实现。在平面中只有所有已知的有理或克雷莫纳变换的集合，对于三维空间，这一理论的发展仅仅是一个开始。

一对一对应的特别重要的情况是平面上的曲面的共形表示，因为这里在原始和图像之间存在最小部分的相似性。最简单的情况是立体投影，希帕丘（Hipparchus）和托勒密（Ptolemy）都知道。以倒数半径表示的特征在于，任意两个对应点 P_1 和 P_2 都位于通过不动点 O 的射线上，因此 $OP_1\, OP_2 =$ 常数也是保形的。在这里，空间中的每个球体一般都被转化为一个球体。贝拉维蒂斯（Bellavitis）在 1836 年和斯塔布斯（Stubbs）在 1843 年研究了这种变换，它在处理数学物理问题时特别有用。西姆爵士汤姆森称之为"电子图像原理"。兰伯特和拉格朗日对表象的研究，特别是高斯对表象的研究，促使了曲率理论的形成。

几何学的另一个分支，微分几何学（曲面曲率理论），一般不首先考虑曲面的整体性，而是在曲面的一个普通点附近考虑曲面的性质，并借助微分学寻求用解析公式来描述它。

第一次尝试进入这个领域的是拉格朗日（1761）、欧拉（1766）和莫斯尼尔（1776）。拉格朗日确定了极小曲面的微分方程，欧拉和莫斯尼尔发现了曲率半径和中心曲面的某些定理。但对于这个丰富的领域来说，最重要的是蒙热、杜宾，特别是高斯的研究。在1795年出版的一本书中，蒙热讨论了曲面族（圆柱曲面、圆锥曲面和回转曲面——用回归的特征和边的新概念），并确定了可区分的偏微分方程。1813年，杜宾的《地球物理学概论》出版，书中介绍了曲面上某一点的指标，以及曲率线理论（由蒙热引入）和渐近曲线理论的扩展。

高斯在微分几何方面有三篇重要的论文，其中最著名的大约是在1827年出版的《曲面的一般研究》，另外两本是分别出版于1843年和1846年的《高等大地测量学理论》。在《曲面的一般研究》中，他在自己的天文和大地测量研究的指导下，引入了球形的表面。曲面和球体之间的一一对应是通过将平行法线的角视为对应点来建立的，显然，如果要保持对应关系，我们必须把自己限制在给定曲面的一部分。接下来介绍曲面的曲线坐标，以及曲率测度的定义，它是所考虑点的主曲率半径的乘积的倒数。曲率的测量首先在普通的矩形坐标中确定，然后在曲面的曲线坐标中确定。对于后一种表达式，它不会因为没有拉伸或折叠的曲面的任何弯曲而改变（它是曲率的不变量）。这里主要讨论大地线的定义和由大地测量线围成的三角形的总曲率（曲率积分）的基本定理。

1827 年的研究报告提出了广泛的观点，从各个方面提出了富有成效的建议。雅可比确定了一般椭球体的测地线，借助椭圆坐标系（通过待测点的二阶共焦曲面系的三个曲面的参数），他成功地对偏微分方程进行了积分，使测地线方程表现为两个阿贝尔积分之间的关系。利用刘维尔给出的精确公式，特别容易地推导出椭球大地线的性质。拉姆利用了曲线坐标理论在 1837 年研究了一个特例，于 1859 年在他的《曲线理论学习》中发展成为一种空间理论。

高斯曲率度量表达式，作为曲线坐标函数的，推动了对所谓微分不变量或微分参数的研究。这些是线元平方表达式中系数的偏导数的某些函数，在变量变换中表现为现代代数中的不变量。雅可比、诺伊曼为此奠定了基础，贝尔特拉米提出了一个普遍的理论。这个理论，以及李的接触变换理论，沿着几何学和微分方程理论之间的边界线不断向前发展。

杜宾、马吕斯（Malus）、斯图姆（Sturm）、伯特兰（Bertrand）、特朗森（Transon）和汉密尔顿等人率先利用光的数学理论问题，将对光线系统和无限细束光线的性质的某些研究联系起来。库默尔[①]（1857、1866）的著名著作完善了汉密尔顿关于光束的研究结果，并考虑了一个光线系统及其焦面的奇点数目。布肯（O. Böklen）在研

[①] 库默尔，德国数学家。

究椭球体上无限细的法线束的基础上，提出了一个有趣的应用，用于研究晶状体和视网膜之间的光线束。

非欧几何——尽管几个世纪以来，欧几里得的《几何原本》受到人们特别的关注，但是数学家凭借其敏锐性发现了一个薄弱点，这使得第十一条公理形成（根据汉克尔的观点，欧几里得本人认为这是公理中的一条），这肯定了两条直线相交在一个横截面上，其中内角之和小于两个直角。在上个世纪末，勒让德试图通过使该证明依赖于其他证明来消除该公理，但他的结论是无效的。勒让德的努力表明，现在开始寻找没有矛盾的几何体，超欧几里得几何体或全景几何体。高斯也是最早认识到这种公理无法得到证明的人，尽管从与沃尔夫冈·鲍耶[①]和舒马赫的通信中可以很容易地看出他在早期就已经在该领域取得了一定的成果，但是他无法决定是否要再发表。非欧几何的真正先驱是罗巴切夫斯基和两个波尔约。罗巴切夫斯基的调查报告首先发表在卡桑报刊上（1829—1830），后来又发表在卡桑大学的学报上（1835—1839），最后是 1840 年在柏林进行的关于法拉勒线理论的几何研究。沃尔夫冈·波尔约（1832—1833）出版了两卷作品，这两部著作在很长一段时间内都被用于数学领域，直到黎曼出现。然后（1866），巴尔泽尔在他的《元素》中提到了波尔约。几乎与此同时，黎曼、赫尔姆霍兹和贝尔特拉米在探索这个"新世界"方面取得了巨大的进展。人们已经认识到，在十二个欧几里得公理中，有 9

---

① 沃尔夫冈·鲍耶，1802—1860 年，匈牙利数学家。

个在本质上具有算术特征，因此适用于每一种几何；在所有直角相等的情况下，第十条公理也适用于每个几何。第十二公理（两条直线，或者更一般的两条大地测量线，不包括空间）对于球面上的几何不成立。第十一个公理（两条直线，大地测量线在内角之和小于两个直角时相交）不适用于伪球面上的几何图形，而仅适用于平面上的几何图形。

黎曼在他的论文《论几何学之基础假说》中，试图通过形成多重扩展的概念来深入这个主题；根据这些研究，常曲率测量的 n 层扩展流形的基本特征如下：

"1. 空间中的点可用 n 个实数（x_1，…，x_n）作为坐标来描述。

"2. 线的长度独立于其形状，每一条线都可以拿另一条线来量度。

"3. 为了研究这种复杂形状的度量关系，我们必须用坐标的对应微分来表示从它出发的线元。这是基于这样一个假设：直线的长度等于坐标微分二阶齐次函数的平方根。"

同时，赫尔姆霍兹在《论构成几何基础的事实》一书中发表了以下假设：

"1. n 元组复杂图形的一个点由 n 个坐标确定。

"2. 在一个点对的坐标之间，存在一个独立于后者的运动的方程，对于所有同余点对，这是相同的。

"3. 假设刚体具有完美的运动性。

"4. 如果一个 n 维的刚体绕 $n-1$ 个不动点旋转，则无反转的旋转将使其恢复到原始位置。"

如果进一步假设空间具有三个维度，并且具有无限的范围，那么空间几何就可以为它的顺利发展奠定令人满意的基础。

现代几何研究中最令人惊讶的结果之一是证明了非欧几何适用于伪球面或恒定负曲率的曲面。例如，在伪球面上，大地测量线（对应于平面上的直线，即球面上的大圆）在无穷远处有两个独立的点；通过一个点 P，到一个给定的测地线 g 有两条平行的测地线，但是，只有从 P 处开始的一个分支在无限远处切开 g，而另一个分支根本不与 g 相交；一个大地三角形的角度之和小于两个直角之和。因此，我们在伪球体上有一个几何体，它的球面几何体在普通或欧几里得几何体中有一个共同的极限情况。这三个几何具有的共同点是，它们适用于曲率恒定的表面。根据曲率的常数值为正、零或负，我们必须处理球形，欧几里得或伪球形几何。

同一理论的新陈述是由凯莱（Cayley）提出的。在利用射影几何学完成证明"在射影或线性变换中，图形的所有描述性质和某些度量关系保持不变"之后，便努力寻找在线性变换后度量性质应保持不变的表达式。1859 年，在拉盖尔（Laguerre）提出"角射影的概念"之后，凯莱通过考虑"平面图形的每个度量属性包含在平面图形和图形之间的投影关系中"，找到了该问题的一般解决方案。从凯莱理论出发，在研究空间测量的基础上，克莱恩成功地证明了从射影几何学出发，通过对平面上测量值的特殊确定，可以导出椭圆几何学、抛物几何学或双曲几何学，这与球面几何学、欧几里得几何学或伪球面几何学基本相同。

对分析装置的最大可能的概括和不断完善的需求，促进了建立 n 维几何的尝试。然而，在这里，只考虑了个别的关系。拉格朗日观察到"力学可以被看作四维的几何学"。普吕克试图用一种容易理解的方式来解释任意扩展空间的概念。他指出，对于点、直线或球体、二阶曲面，作为一个空间元素，所选择的空间必须分别具有三维、四维或九维。第一个提出与普吕克不同的概念，并且"将任意扩展的流形的元素作为空间点的类似物"，是在格拉斯曼的主要著作《线性扩张论》（1844）中，这本书和他的《解析几何》（1847）一样，几乎没有引起什么关注。随后，黎曼在他的论文中继续进行了多重扩展的研究，这些研究再次为维罗内塞（Veronese）、H. 舒伯特（H. Schubert）、F. 梅耶（F. Meyer）、塞格雷（Segre）、卡斯特尔诺沃（Castelnuovo）等人的一系列现代作品奠定了基础。

更广义的几何形态是由高斯创造的，至少在名义上是这样；但是，我们对其中的事实知之甚少。由黎曼提出的分析位置，寻求在由无穷小变形组合而成的变换之后保持不变的东西，这有助于解决函数论中的问题。雅可比所研究的切变换是由莱发展起来的。切变换是通过每次替换来解析定义的，每个替换表示 x，y，z 坐标的值，以及偏导数 $\frac{dz}{dx}=p$，$\frac{dz}{dy}=q$，以相同数量 x'，y'，z'，p'，q'来表示。在这样的变换中，两个图形的接触点被相似的接触点代替。

西尔维斯特（Sylvester）和伍尔豪斯（Woolhouse）还创立了

"几何概率论"，克罗夫顿（Crofton）用它来解释在空间中随机画线的理论。

在初等数学史中，可能需要关注一个相关的领域——几何说明材料的历史，它当然不能被视为科学的一个分支，但在一定程度上反映了几何科学的发展。良好的空间元素系统图或模型有助于教学，而且经常促进新思想的迅速传播。事实上，在欧拉、牛顿和克拉默的几何作品中，都发现了大量的图形。由于蒙格（Monge）的榜样和活动，法国似乎首先表现出对模型构建的兴趣。1830 年，巴黎艺术与工程学院拥有二级螺纹、圆锥形和螺纹表面的整套螺纹模型。巴丹（Bardin，1855）又做了进一步的扩展，他有石膏和螺纹模型，用于解释切石、齿轮和其他问题。穆勒收藏了一大批作品。但法国数学家很少接受法国技术人员的这些作品，在 1876 年，英国的凯莱和亨利西在伦敦展出这些作品，并与伦敦和剑桥大学的其他科学仪器一起独立构建了模型。

在德国，当射影几何的方法被引入画法几何后，模型的构建发展迅速。普吕克在 1835 年绘制的三阶曲线图中表现出了对曲线形状重塑的兴趣，他在 1868 年收集了第一批大型模型，其中包括了四阶复杂曲面的模型，并由克莱因进行了扩充。作为一种特殊的四阶表面，柏林的马格努斯和巴黎的苏雷于 1840 年构建了光学双轴晶体波面。1868 年，维纳绘制了第一个三阶曲面模型，此模型含有 27 条直线。在 19 世纪 60 年代，库默尔构建了四阶曲面和某些焦面的模型。他的学生施瓦茨（Schwarz）同样构造了一系列模型，其中包括极小曲面和椭球中心的曲面。在哥廷根的数学家会议上，进行了一次著名的模型展览，这促进了构建模型的进一步发展。

在更广泛的圈子里，布里尔、克莱恩和戴克在慕尼黑理工学校数学研讨会上提出的著作得到了认可。从 1877 年到 1890 年，出现了 100 多种各式各样的模型，它们不仅在数学教学中有价值，而且在透视法、力学和数学物理学讲座中也有价值。

在其他领域也有这种类型的说明材料，例如，罗登伯格的三阶曲面，罗恩、维纳等人的曲面螺纹模型和四阶扭曲线模型。

*　　　*　　　*

如果把几何科学看作一个整体，那么不可否认的是，现代解析几何和现代综合几何之间的本质区别已消失。两个方向的证明主体和证明方法逐渐采取了几乎相同的形式。综合法不仅利用了空间直觉，而且解析表示也是空间关系的清晰表达。由于图形的度量性质可以被看作与二阶基本形式的关系，与无穷远处的大圆的关系，因此可以被纳入射影性质的集合，除了解析和综合几何，仅具有投影几何，在空间科学中处于第一位。

在过去的几十年，德国数学的发展确保了科学处于一个领先的地位。一般来说，在一种倾向的论著中，可以认识到两组相关的著作，即"以高斯或狄利克雷的方式出现后，探究集中在尽可能精确的函数论，数论和数学物理学中的'基本概念的局限性'"。对另一种趋势的研究，正如雅可比和克莱布希所看到的，是从"一小圈已经公认的基本概念出发，着眼于它们所产生的关系和后果"，以服务于现代代数和几何。

因此，总的来说，数学从希腊几何学家时代开始就在持续稳步发展。欧几里得、阿基米德和阿波罗尼奥斯的成就，如同在他们自己的时代一样令人钦佩。笛卡儿的坐标方法永远占据一定地位。但是，在本世纪（19 世纪），在过去的半个世纪或现在，人们从来没有像现在这样对数学的研究表现出如此大的热情，或者说从来没有像现在这样成功：取得了巨大的进步，实际的研究领域是无限的，未来是充满希望的。

第五章　三角学

一、总论

　　三角学是古人为了研究天文学而发展起来的。在第一阶段，希腊人和阿拉伯人建立了一些基本的三角公式并用于计算，但这些公式都不是现代形成的。在第二阶段，从中世纪早期数学科学逐渐兴起到 17 世纪中叶，建立了角函数计算科学，并产生了用小数代替六十进制除法的表格，这标志着纯数值计算的巨大进步。在第三阶段，平面和球面三角学发展，特别是多角学和多面体测量学，它们几乎是对整体的全新补充。进一步补充的是射影公式，这些公式以与射影几何最紧密的关系提供了一系列有趣的结果。

二、第一阶段 从最古老的时代到阿拉伯时代

《阿默士的莎草纸》提到了一个叫作 seqt 的商数。在观察到所有大金字塔都具有近似相等的倾斜角后，就可以假定该序列与金字塔的边缘与正方形底角的对角线形成的夹角的余弦相同。该角度通常为 52°。在侧面更陡的埃及纪念碑中，seqt 似乎等于其中一个面与底部的倾斜角的三角正切值。

三角学研究首先出现在希腊。许普西克勒斯（Hysicles）将周长划分为 360°，这确实起源于巴比伦，但首先被希腊人利用。在引入这种圆的划分之后，六十进制分数出现在古代所有的天文计算中（只有海伦除外），直到最后，普尔巴赫和雷格蒙塔努斯为计算小数开辟了道路。希帕克斯（Hipparchus）是第一个完成和弦表的人，但是与此同时，我们仅留下了有关其过去存在的知识。在海伦的著作中可以找到具有数值比的实际三角公式，用于计算规则多边形的面积，而实际上是 $\cot\left(\dfrac{2\pi}{n}\right)$，其中 $n = 3$，4，$\cdots 11$，12。墨涅拉俄斯（Menelaus）写了六本关于和弦计算的书，但是这些都和希帕克斯的和弦表一样丢失了。而有三本梅内莱厄斯的《球体》被译成阿拉伯语和希伯来语。这些包含关于横截面以及球面三角形和平面三角形的全等值的定理，对于球面三角形而言，其定理是 $a + b + c < 4R$，$\alpha + \beta + \gamma > 2R$。

托勒密最重要的工作是为天文学引进了一个正式的球面三角函数。包含托勒密天文学和三角学的十三本《大集合》书被翻译成阿拉伯语，后来又被译成拉丁语。在拉丁语中，由于阿拉伯语中的 al 一词和希腊语混淆，现在 Almagest 这个词通常用于描述托勒密的伟大著作。托勒密也沿用古巴比伦的方式，将圆周分为 360°，但是他分每一度都是均等的。我们还发现托勒密把圆的直径分成 120 个等份，这些等份用六十进制分成两类。在后来的拉丁语翻译中，第一类和第二类的六十分之一分别被称为"第一部分的微小部分"和"第二部分的微小部分"。从内接四边形的定理开始，托勒密以半度为间隔计算弧线的和弦。但他也发展了一些平面定理，特别是球面三角定理，例如关于直角球面三角形的定理。

三角学方面还有一个重要的进步，那就是印度教的著作，其周长的划分与巴比伦人和希腊人的划分相同，但除此之外还有一个本质上的偏差，半径不是按照希腊的方式六分，而是以分钟为单位表示与半径相同长度的弧，因此对于印度教徒来说，$r = 3438$ 分钟。而不是整个和弦（jiva），而是半和弦（ardhajya）与弧线之间的关系。在这种半弦与弧的关系中，我们必须认识到印度教徒在三角学方面最重要的进步。根据这个概念，他们熟悉我们现在所说的正弦角。除此之外，他们计算出对应于坐标的正弦和余弦的比值，并给它们起了特殊的名字，叫作坐标的正弦和余弦。他们也知道公式 $\sin^2\alpha + \cos^2\alpha = 1$。然而，他们并没有把他们的三角学知识应用到平面三角形的求解中，而是把三角学与天文计算紧紧地联系在一起。

　　和其他数学科学一样，在三角学中，阿拉伯人也是印度人的学生，更多的是希腊人的学生，但是他们也有自己的重要工具。对于巴塔尼来说，众所周知，在《天文学大成》使用半和弦而不是全和弦，因此计算角度的正弦值在应用中具有重要的优势。除了在《天文学大成》中发现的公式，阿尔巴塔尼（Al Battani）还提出了球面三角形的关系，$\cos a = \cos b \cos c + \sin b \sin c \cos a$。在考虑与阴影测量有关的直角三角形的情况下，我们得到了 $\frac{\sin a}{\cos a}$ 和 $\frac{\cos a}{\sin a}$。阿尔巴塔尼计算了其中的每一度，并把数值排列在一张表格里。在这个表格里，我们找到了计算切线和余切的起点，当然，这些名字是在很久以后才出现的，"Sine"一词来源阿尔巴塔尼。他关于星星运动的著作被蒂沃利的柏拉图翻译成拉丁文，这个翻译包含了用单词 sinus 表示半和弦。在印度，半和弦被称为 ardhajya 或者 jiva（最初只用于整个和弦）；后者被阿拉伯人采用，仅仅是因为它的发音像 jiba。这个单词的辅音在阿拉伯语中没有它自己的意思，很快就被阿拉伯人接受了，蒂沃利的柏拉图把它恰当地翻译成 sinus。于是，三角函数的第一个现代名称就这样诞生了。

　　当时并不缺少天文表。阿布勒瓦将该比率 $\frac{\sin a}{\cos a}$ 称为"阴影"，即属于角度 a，计算出了一个间隔半度的正弦表和一个切线表，但是这个切线表只用来确定太阳高度角。大约在同一时间出现了开罗的伊本·尤努斯按照埃及统治者哈基姆的指示所要求建造的似海马状的正弦表。

在西阿拉伯，著名的天文学家格伯用他自己的方法写了一个完整的三角函数（主要是球形的），被克雷莫纳的格哈德（Gerhard）出版在他的《天文学》的拉丁版上，其证明是非常严谨的。这部作品包含了关于直角球面三角形的一组公式。在平面三角学中，他没有超越《天文学大成》，因此他在这里只处理整个和弦，就像托勒密曾经教过的那样。

三、第二阶段　从中世纪至 17 世纪中叶

在这一时期除德国以外的数学家中，韦达通过引入球面三角形的倒三角而取得了最重要的进展。在德国，这门科学是由雷吉奥蒙塔努斯（Regiomontanus）提出的，它的各个组成部分都具有如此高超的技巧和全面的知识，以致他所制订的计划在很大程度上一直保留到今天。皮尔巴赫已经有了写三角函数的计划，但是他还没来得及付诸实践就遗憾离世。雷吉奥蒙塔努斯通过写作一个完整的平面和球面三角学来实现费尔巴哈的思想。在简要介绍了区域三角法的几何基础上，雷吉奥蒙塔努斯从直角三角形开始，计算所需的公式仅仅用正弦来推导，并用数值例子加以说明。在计算等边三角形和等腰三角形时用到了直角三角形定理。随后是斜角三角形的主要情况，其中第一本（α 从 a，b，c 开始）处理得很详细。第二本书包含正弦定理和一系列与三角形有关的问题。第三、第四、第五本书中的球面三角学与梅内莱厄斯有很多相似之处。特别是从侧面可以找到角度。就平面

三角形（α 从 a，b，c 开始）的情况而言，用雷吉奥蒙塔努斯考虑的可延展性处理，从雷库提斯接收了更简短的处理，雷吉奥蒙塔努斯建立了公式 $\cos\dfrac{1}{2}a=\dfrac{s-a}{\rho}$，其中是内切圆的半径。

在这一时期纳皮尔也发表了方程式，或类比。它们表示两边（角）和第三边（角）的和或差与两个对角（边）的和或差之间的关系。

如前所述，在现代术语中，"sine" 一词是最古老的。大约在 16 世纪或者 17 世纪初，英国人冈特（死于 1626 年）引入了 complementisinus 的缩写 cossinic。正切和正割这两个术语最早是由托马斯·芬克（1583）使用的，而正弦这个术语使用得更早。

16 世纪的一些作家，例如阿皮安（Apian），用余弦代替了 sinus rectus secundus。雷库提斯①（Rhaeticus）和韦达用正弦（sine）和余弦（cosine）代替 perpendiculum 和 basis。余弦的自然值，其对数被开普勒称为"反对数"，首先在雷库提斯发表的哥白尼三角学中计算出来。

实用计算能力的提高以及天文学对更精确值的需求，使得 16 世纪最完整的三角函数表之后发生了一场纷争。因为这些计算是没有对数的，所以编制这些表格非常烦琐。雷库提斯不得不为此计算了长达 12 年之久，并因此花费了数千美元。

———————————

① 雷库提斯，哥白尼的学生。

德国的第一个正弦表是自佩尔巴赫制作的。他让半径等于 600000，并以 10′ 的间隔计算（托勒密令 $r = 60$，一些阿拉伯人令 $r = 150$）。雷格奥蒙塔努斯计算了两个新的正弦表，一个 $r = 6000000$，另一个 $r = 10000000$。除此之外，我们还从雷吉奥蒙塔努斯那里得到了每度的正切表，$r = 100000$。最后两个表格显然显示了从六十进制到十进制的转换。阿皮安制作了每分的正弦表，其中 $r = 100000$。

在这方面也应该提到约阿希姆·雷迪库斯坚持不懈的努力。他没有把三角函数和圆的弧联系起来，而是从直角三角形开始，使用术语 perpendiculum 表示正弦，basis 表示余弦。他（部分是自己，部分是在他人的帮助下）计算了第一个割线表，又计算了 $r = 100$ 亿时，每 10″ 的切线表和割线表，后来又计算了 $r = 1015$ 的情况。在他去世后，瓦伦丁·奥托于 1596 年为他出版了整部本作，共 1468 页。

巴托洛梅斯·皮蒂斯库斯（Bartholomaeus Pitiscus）也投身自然三角函数的计算中。他在《三角学》第二册中阐述了他对这类计算的看法。他的表格包括左边的正弦、切线和割线，右边的正弦、切线和割线的补码（因此他指定了余弦、余切和余割），添加了比例部分为 1′，甚至为 10″。在整个计算中，他假定 $r = 1025$。皮蒂修库斯的作品出现在 17 世纪初。

三角函数数值的精确度已经达到了很高，但是它们的真正意义和实用性首先是通过引入对数表现出来的。

纳皮尔通常被认为是对数的发明者，毫无疑问，尽管康托尔（Cantor）对这些证据的审查证明了比尔吉是一个独立的发现者。纳皮尔在 1603 年到 1611 年已经计算出来，但直到 1620 年才发表的 Progress Tabulen 实际上是一张反对数表。比尔吉的观点更为普遍，也应该被提及。他想用对数边简化所有的计算，而纳皮尔只用三角函数的对数。

比尔吉（Bürgi）是通过比较 0，1，2，3，……和 1，2，4，8，……或者 2^0，2^1，2^2，2^3 这两个数列得出这个方法的。他注意到，为了便于计算，应该选择 10 作为第二个数列的底数是最方便的，从这个观点出发，他计算了普通数字的对数。1620 年，比尔吉的著作《地理计量学》在布拉格出版，其对数范围为 10^8 至 10^9 乘以 10。比尔吉并未使用对数一词，但由于其印刷方式，他称对数为"红色数字"，与之相对应的数字为"黑色数字"。

纳皮尔（Napier）首先观察到，如果在一个具有两个垂直半径 OA_0 和 OA_1 的单位圆中，正弦 $S_0S_1 \parallel OA_1$ 每隔一段时间从 O 移动到 A_0，形成一个算术级数，则其值在几何级数中减小。线段 OS_0 纳皮尔最初称为人工数字，后来称为方向数或对数。这一新计算方法的首次发表，其中 $r = 10^7$，$\mathrm{logsin}\,60° = 0$，$\mathrm{logsin}\,0° = \infty$，使对数随正弦的减小而增大，出现于 1614 年，引起了极大的轰动。亨利·布里格斯（Henry Briggs）对纳皮尔的工作进行了深入的研究，并提出了一个重要的看法，即如果允许对数随数字的增加而增加，它将更适合于计算。他建议 $\log 1 = 0$，$\log 10 = 1$，并得到了纳皮尔的同意。布里格斯根据这一变化计算出的自然数从 1 到 20000 和从 90000 到 100000 的对数表，计算到小数点后 14 位。剩下的空白由荷兰书商阿德里安·弗拉克（Adrian Vlacq）填补。他的表格出现在 1628 年，包含了从 1 到 100000 的对数，取到小数点后 10 位。在这些表中，弗拉克以他的朋友德克尔的名义介绍了对数。在弗拉克和盖利班德的协助下，布里格斯计算了 14 个位置的正弦表和 10 个位置的切线和割线表，间隔 36″。这些表格出现在 1633 年。在 17 世纪末，克拉斯·沃格特出版了一张由正弦、正切和正割及其对数组成的表格，尤其引人注目的是，它们被刻在铜板上。

这样就产生了一系列一直很有价值的对数计算的表格，这些表格在加法和减法上进行了扩展，并以高斯命名。但是其发明者，根据高斯自己的说法，是莱昂内利。莱昂内利计算出一个有 14 位小数的表格，高斯认为这是不可信的，并自己计算出一个有 5 位小数的表格。

1875 年，共有 553 张对数表，其小数位从 3 到 102 不等。按照频率排列，7 位小数的表排在最前，然后依次是 5 位、6 位、4 位和 10 位小数的表格。唯一一张有 102 个位数的表格是帕克赫斯特的作品（天文表，纽约，1871）。

J. W. L. 格莱斯已经对对数表中出现的错误进行了调查。调查表明，每一个完整的表都是经过或多或少的仔细修订后，直接或间接地从 1628 年出版的表中抄录下来的。该表格包含了从 1 到 100000 的 10 位数字的布里格斯的 1624 个算术对数的结果。格莱斯在前 7 个地方发现了 171 个误差，其中 48 个误差发生在 1 到 10000。这些错误，经过弗拉克的修正，已逐渐消失。在弗拉克犯下的错误中，牛顿

（1658）出现了 98 个，加德纳（1742）出现了 19 个，韦嘉（1797）
出现了 5 个，凯利特（1855）出现了 2 个，桑（1871）出现了 2 个。
在格莱斯测试的表格中，有四个没有出错，即布莱米克（1857）、施
隆（1860）、卡莱（1862）和布鲁恩（1870）的表格。科拉利克
（1851）和 R. 霍普（1876）提出了快速计算共同对数的方法；R. 霍
普的工作是基于每个正数都可以转化为无穷乘积的定理。

四、第三阶段　从 17 世纪中叶至现在

在雷吉奥蒙塔努斯奠定了平面和球面三角学的基础之后，他的
继承者通过计算三角函数的数值和创建了一个可用的对数系统，使
计算变得更加容易，科学的内部结构在这第三个时期已经做好了被
详细改进的准备。重要的创新尤其要归功于欧拉，他从几个简单的定
理导出了整个球面三角函数。欧拉将三角函数定义为纯数字，以便能
够将其替换为级数，在级数中的项是圆的弧，三角函数是从圆弧开始
按一定的规律进行的。从他那里我们得到了一些三角公式，部分是全
新的，部分是完善的表达式。当欧拉用 a，b，c，α，β，γ 来表示三
角形的各个元素时，这一点尤其明显。然后，像 sina，tana 这样的表
达方式可以引入以前使用特殊字母的地方。拉格朗日和高斯在推导
球面三角学时只使用了一个定理

$$\sin\frac{a}{2}\sin\frac{b+c}{2} = \sin\frac{a}{2}\cos\frac{\beta-\gamma}{2}$$

具有对应关系的方程组通常归功于高斯，尽管这些方程组最早于 1807 年由德朗贝尔（莫尔韦德，1808，高斯，1809）发表。波特诺特问题的例子是相似的：斯内利乌斯在 1614 年、波特诺特在 1692 年、兰伯特在 1765 年讨论了这个问题。

多面体测量学和多面体测量学的主要定理建立于 18 世纪。欧拉得出了关于平面图在另一平面上的正交投影面积的定理。拉格朗日、勒让德、卡诺等人阐述了多面体（特别是四面体）的三角定理，高斯阐述了球面四边形定理。

19 世纪出现了一系列新的三角公式，即所谓的射影公式。除了庞塞莱（Poncelet）、施泰纳（Steiner）和古德曼（Gudermann），莫比乌斯还特别值得一提，他发明了一种球面三角的推广，使得三角形的边或角可以超过 180°。现代三角学的发展对其他数学科学做出了贡献，这一点可以用一句话来说明：它们的发展将推动其他科学分支的巨大发展。